W0302944

1. Lebewesen bestehen aus Zellen

1.1 Bau der Zelle und Handhabung des Mikroskops

1. Trage in das Kreuzworträtsel die Bezeichnungen der verschiedenen Teile des Mikroskops ein. Setze aus den markierten Feldern das Lösungswort zusammen.

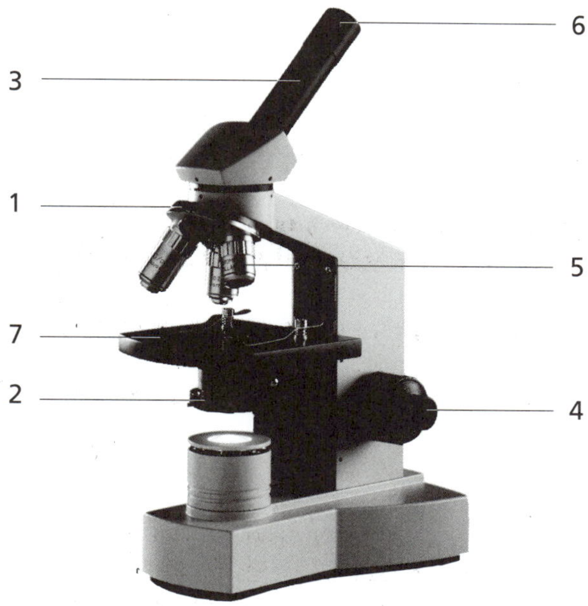

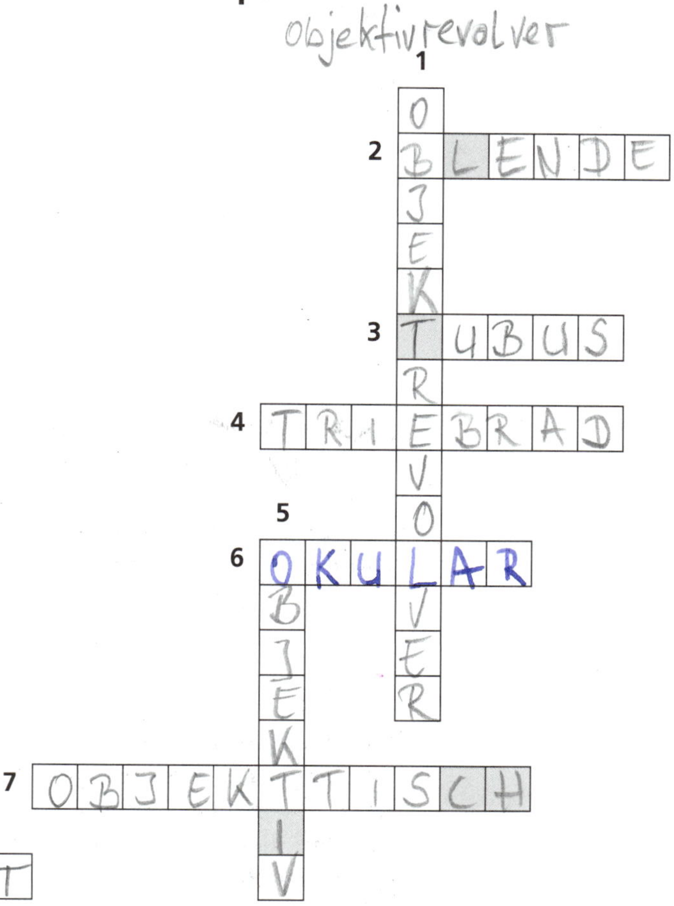

Lösungswort: LICHT

2. a) Sortiere die Regeln zum Umgang mit dem Mikroskop, indem du sie in der richtigen Reihenfolge nummerierst. Die Buchstaben ergeben dadurch ein Lösungswort.

- ☐ **A** Verringere mithilfe des Triebrades den Abstand zwischen Objekttisch und Objektiv bis auf etwa zwei Millimeter. Kontrolliere von der Seite, damit das Objektiv nicht zerbricht.
- ☐ **R** Schaue durch das Okular und vergrößere nun langsam den Abstand solange, bis ein scharfes Bild erscheint.
- ☐ **O** Trage das Mikroskop am Griff und am Stativ.
- ☐ **U** Lege den Objektträger mit dem Präparat auf den Objekttisch, so dass das Präparat genau über der Lichtöffnung liegt.
- ☐ **K** Stelle mithilfe des Triebrades den größten Abstand zwischen Objekttisch und Objektiv ein.
- ☐ **L** Stelle zunächst die kleinste Vergrößerung und die Lampe (bzw. den Spiegel) ein.

Lösungswort: ☐☐☐☐☐☐

b) Erläutere kurz Bau und Aufgabe des Teils am Mikroskop, das als Lösungswort herauskommt.

____

____

 ISBN 3-89818-429-3

3. Beschreibe mithilfe der Abbildungen die Herstellung eines Frischpräparates.

4. Stelle ein Frischpräparat her und betrachte es mit dem Mikroskop.

Materialien:

Objekte:	Pollen verschiedener Pflanzen (z. B. Kiefer)
Chemikalien:	Wasser
Geräte:	Mikroskop, Objektträger, Deckgläschen, Pipette, Pinsel

Durchführung:

1. Reifer Pollen, der während der Vegetationsperiode gesammelt wurde, wird mit dem Pinsel in den Wassertropfen auf einem Objektträger übertragen und mit einem Deckgläschen verschlossen.
2. Beobachte und zeichne die Form des Pollens.

Beobachtungsergebnis:

Zeichnung:

 ISBN 3-89818-429-3

5. Benenne die in den Abbildungen gekennzeichneten Bestandteile einer Tier- und Pflanzenzelle. Unterstreiche drei Bestandteile, die nur bei Pflanzenzellen vorkommen.

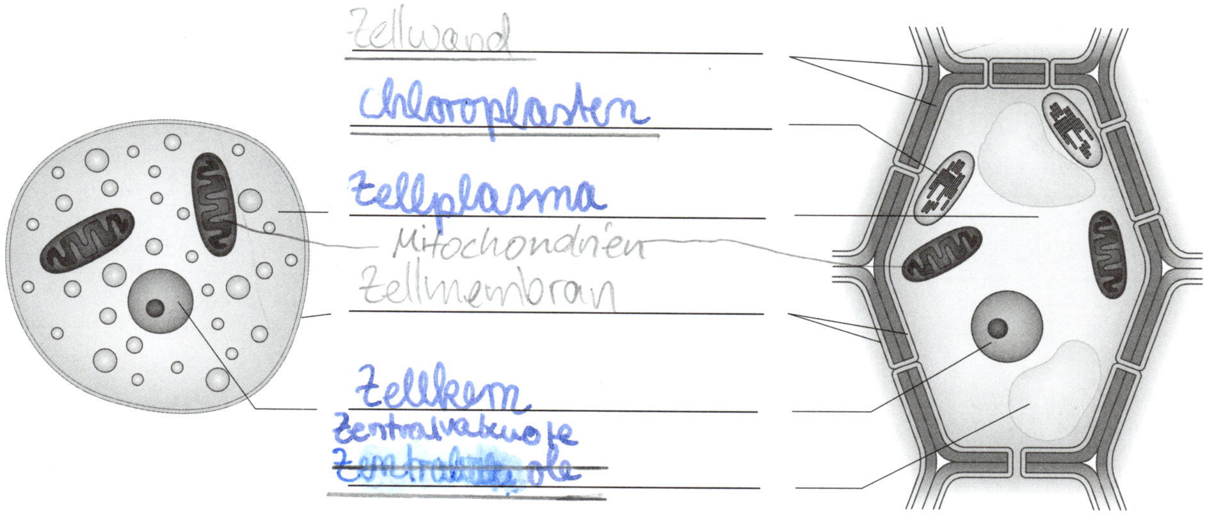

6. a) Trage die Bestandteile einer Pflanzen- und einer Tierzelle in die Tabelle ein und notiere dazu jeweils die Funktion.

pflanzliche Zelle	
Zellbestandteile	**Funktionen**

tierische Zelle	
Zellbestandteile	**Funktionen**

 ISBN 3-89818-429-3

b) Vergleiche den Bau beider Zellen und gib die Gemeinsamkeiten und Unterschiede an.

Gemeinsamkeiten: -Zellplasma, Zellmembran, Zellkern, Mitochondrien

Unterschiede: -Unterschiedliche Form

-Tierzelle keine Chloroplasten, Zentralvakuole, Zellwand

-Vesikel (Bläschen) mit Verdauungssäften -> nur Tiere

7. Stelle ein Frischpräparat eines Zwiebelhäutchens her und betrachte eine Pflanzenzelle.

Materialien:

Objekte: Küchenzwiebel

Chemikalien: Wasser, Eosinlösung (oder rote Tinte, Neutralrot)

Geräte: Pinzette, Mikroskop, Deckgläschen, Objektträger, 2 Präpariernadeln, Pipette, Filterpapier

Durchführung:

1. Ziehe von der Innenfläche der Zwiebelschuppe mit der Pinzette vorsichtig ein Stückchen der durchsichtigen Oberhaut ab und lege es in einen Wassertropfen auf den Objektträger. (Vorsicht! Wenn sich die Oberhaut einrollt, mit 2 Präpariernadeln im Wasser vorsichtig aufrollen).
2. Bedecke das Objekt im Wassertropfen mit dem Deckgläschen und betrachte es unter dem Mikroskop (erst kleine, dann größere Vergrößerung!).
3. Sauge mithilfe des Filterpapiers einen Tropfen Farblösung unter dem Deckglas hindurch und betrachte es erneut unter dem Mikroskop.
4. Zeichne 2–3 Zellen und beschrifte eine Zelle. Gehe dabei nach der Schrittfolge für das Anfertigen einer mikroskopischen Zeichnung vor.
5. Beschreibe den Bau der betrachteten Zellen.

Beobachtungsergebnisse:

Zeichnung:

Beschreibung:

 ISBN 3-89818-429-3

8. Stelle ein Frischpräparat von Zellen der Mundschleimhaut her.

Materialien:

Objekte: Zellen der Mundschleimhaut
Chemikalien: Wasser, Methylenblaulösung (oder Eosinlösung)
Geräte: Mikroskop, Objektträger, Deckgläschen, Streichholz, 2 Pipetten, Filterpapier

Durchführung:

1. Schabe mit einem Streichholz wenig Mundschleimhaut ab (Beachte die Hygiene!) und übertrage sie auf einen Objektträger.
2. Vermische die Mundschleimhaut mit 1 Tropfen Wasser und lege ein Deckgläschen auf.
3. Sauge mit Hilfe von Filterpapier Methylenblaulösung (oder Eosinlösung) unter dem Deckgläschen hindurch.
4. Betrachte das Objekt mithilfe des Mikroskops, zeichne zwei bis drei Zellen und beschrifte eine Zelle.
5. Beschreibe die Beobachtungsergebnisse.

Beobachtungsergebnisse:

Zeichnung:

Beschreibung:

____
____
____
____
____
____
____
____
____
____

9. In dem Rätsel sind die Namen von 6 Zellbestandteilen versteckt. Finde sie und nenne ihre Funktion.

Z	E	L	L	S	A	F	T	R	A	U	M	C	R	T
E	A	C	D	B	Z	X	Z	M	H	Q	S	H	V	Y
L	Z	A	L	N	Q	P	E	V	U	S	Q	L	N	P
L	S	M	B	C	Z	R	L	W	D	T	R	O	E	O
W	T	U	O	Z	E	L	L	M	E	M	B	R	A	N
A	G	S	F	G	L	B	P	A	K	M	N	O	Ä	P
N	V	T	B	P	L	J	L	P	F	L	Ü	P	W	F
D	G	K	L	F	K	D	A	G	G	K	A	L	Q	E
R	F	K	R	W	E	K	S	A	M	I	D	A	X	V
X	K	J	E	K	R	Q	M	K	Q	H	J	S	P	Y
T	M	N	H	I	N	P	A	I	S	P	Ö	T	G	L

1. ______________________________
2. ______________________________
3. ______________________________
4. ______________________________
5. ______________________________
6. ______________________________

 ISBN 3-89818-429-3

10. Fülle den Lückentext aus.

Alle Lebewesen sind aus ________________ aufgebaut. Betrachtest du Pflanzenzellen mithilfe des Mikroskops, so stellst du fest, dass sie sich durch eine ____________________ abgrenzen. In manchen Pflanzenzellen findest du kleine grünliche Gebilde, die __________________, und im Zellinneren Hohlräume. Diese werden ____________________ oder ____________________ genannt. Die Pflanzen- und Tierzelle ist ausgefüllt mit ____________________. Darin befindet sich ein ________________. Der Zellinhalt jeder Zelle wird nach außen durch ein zartes Häutchen, die ______________, abgegrenzt.

11. Zellen ernähren sich.

a) Erläutere anhand der Abbildungen die Ernährung der Pflanzenzelle sowie der Zellen der Tiere, Menschen, Pilze und der meisten Bakterien.

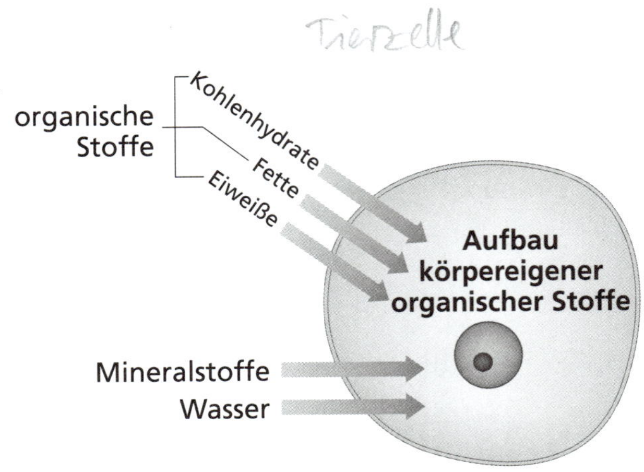

- ernähren sich von energiearmen anorganischen Stoffen (Kohlenstoffdioxid aus Luft, Wasser und Mineralstoffe aus Boden) + Licht, Chloroplasten
anorganische Stoffe (energiearm) → Umwandlung → körpereigene organ. Stoffe (energiereich)

- auf energiereiche organische Stoffe als Nährstoffe (z.B. Traubenzucker, Stärke, Eiweiße, Fette) angewiesen ⇒ bauen daraus eigene energiereiche organische Körperstoffe
körperfremde, organische Stoffe (energiereich) → Umwandlung → körpereigene organ. Stoffe (energiereich)

b) Benenne die jeweilige Ernährungsweise.

autotroph ____________ heterotroph ____________

12. Pflanzen bilden die Lebensgrundlage für alle Tiere und den Menschen. Begründe.

____

____

____

____

____

____

____

 ISBN 3-89818-429-3

13. Beschreibe anhand der Abbildungen das Wachstum einer Pflanzenzelle.

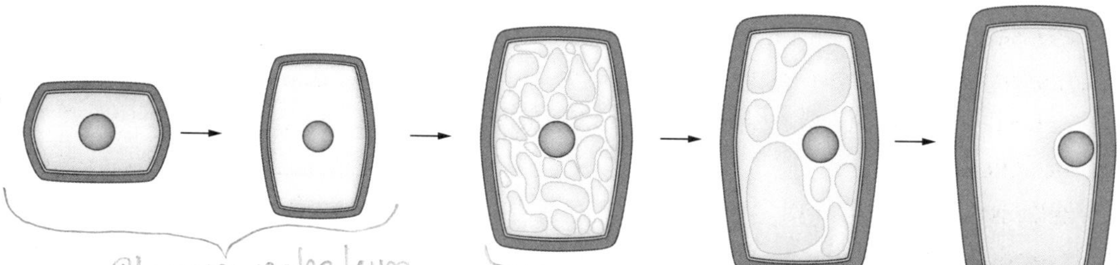

Plasmawachstum: erfolgt durch Zunahme von Zellplasma und Zellbestandteilen, Aufnahme organischer Stoffe, Zellplasma
-Tochterzellen bauen Stoffe zur Stoffwechsel um u. erreichen größe d. Mutterzelle
Streckungswachstum: Vergrößerung des Zellvolumens vorallem durch Wasseraufnahme* Vakuolenbildung) Zellen erhalten entsprechend zukünftiger Funktion entgültige Form u. Anordnung, *vereinigen sich zu großer Vakuole
z.B. Zwiebelzelle, Blattzelle

14. Die Abbildungen veranschaulichen einen Lebensvorgang der Zellen.

Tierzelle

Pflanzenzelle

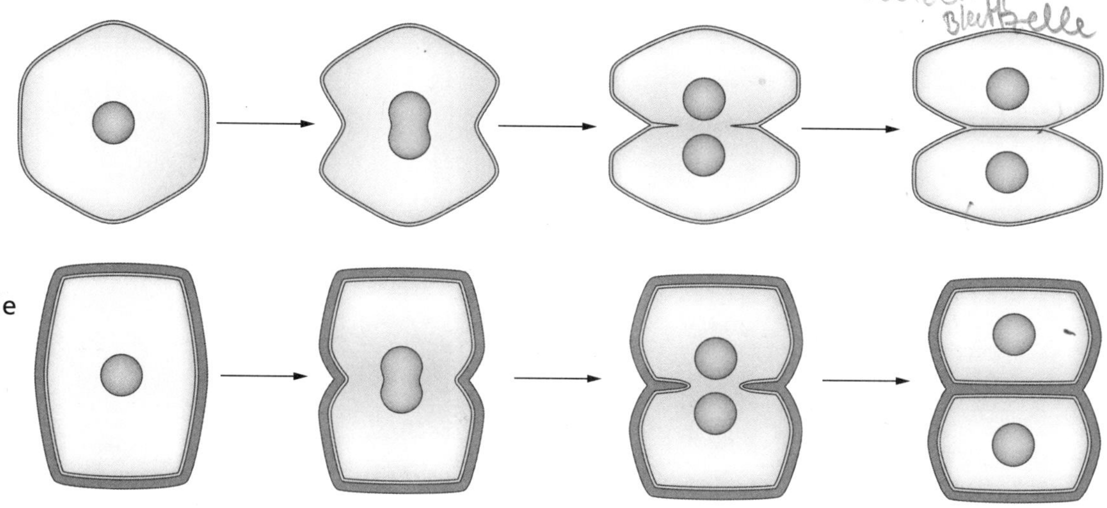

a) Nenne den Lebensvorgang.

Zellteilung

b) Beschreibe den Lebensvorgang.

1)-Verdopplung der Zellkernbestandteile
2)-Kernteilung
3)-Zelleib schnürt sich ein
4)-Zellmembran bzw. Zellwand wird zwischen den Kernen eingezogen

 ISBN 3-89818-429-3

15. Weise Stärke als Speicherstoff in Zellen nach.

Materialien:

Objekte: Kartoffelknolle
Chemikalien: Wasser, Iod-Kaliumiodidlösung
Geräte: Skalpell (oder Rasierklinge mit Halter), Objektträger, Deckgläschen, Pinzette, Mikroskop, Fließpapier, Pipette

Durchführung:

1. Fertige mithilfe eines Skalpells (oder einer Rasierklinge, Vorsicht! Arbeitsschutz beachten) einen dünnen Schnitt von einem Kartoffelstückchen an, lege ihn in einen Wassertropfen auf den Objektträger, bedecke ihn mit einem Deckgläschen und betrachte ihn mithilfe des Mikroskops. Zeichne 2–3 Zellen und beschrifte eine Zelle.
2. Sauge mithilfe von Fließpapier Iod-Kaliumiodidlösung unter dem Deckglas hindurch. Betrachte die Zellen mit dem Mikroskop und zeichne 2–3 Zellen.
3. Beschreibe deine Beobachtungsergebnisse.

Beobachtungsergebnisse:

Zeichnung:

Auswertung:

16. Die Kartoffel wird als beliebtes Nahrungsmittel genutzt.
Nenne einen Grund, warum die Kartoffel als Nahrungsmittel verwendet wird.

 ISBN 3-89818-429-3

1.2 Vom Einzeller zum Vielzeller

1. a) Benenne den abgebildeten Einzeller und beschrifte die Abbildung.

Pantoffeltierchen

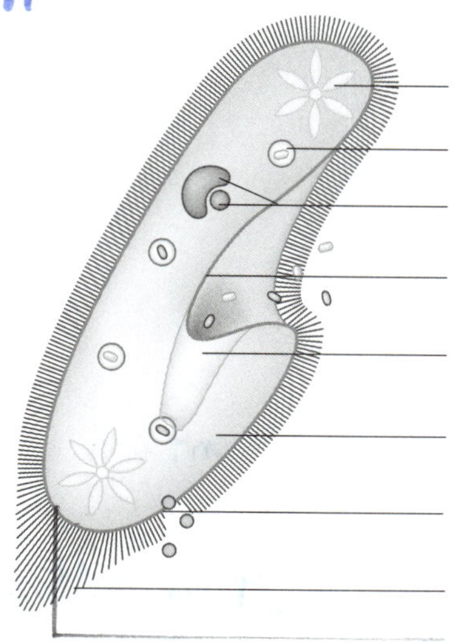

1 pulsierende Vakuole
2 Nahrungsvakuole
3 Zellkerne (Kleinkern, Großkern)
4 Zellmund
5 Zellschlund
6 Zellplasma
7 Zellafter
8 Wimpern
9 feste Zellmembran

b) Nenne weitere tierische Einzeller. Sammle Informationen im Internet oder in der Literatur über deren Ernährung und Fortbewegung.

2. Beschreibe, wie sich das Pantoffeltierchen fortbewegt, ernährt und ungeschlechtlich fortpflanzt.

3. a) Benenne den abgebildeten Einzeller und beschrifte die Abbildung.

b) Zu welcher Gruppe gehört der abgebildete Einzeller? Erläutere den Unterschied zum Pantoffeltierchen.

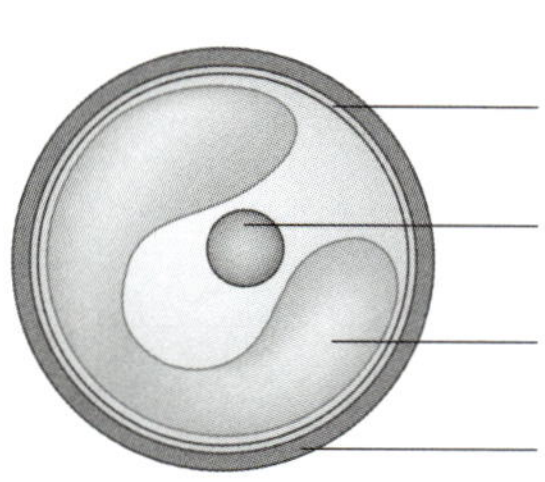

 ISBN 3-89818-429-3

4. Einzellige Grünalgen und tierische Einzeller ernähren sich unterschiedlich.
Setze dazu folgende Begriffe richtig in den Lückentext: heterotroph, autotroph, Eiweiße, Fette, Wasser, Mineralsalze, Kohlenhydrate, Kohlenstoffdioxid.

Das Pantoffeltierchen ernährt sich u. a. von Algen und Bakterien. Dabei nimmt es Eiweiße, Fette und Kohlenhydrate auf. Das sind organische Stoffe. Seine Ernährung ist heterotroph.

Chlorella nimmt anorganische Stoffe wie Wasser, Mineralsalze und Kohlenstoffdioxid auf. Die Grünalge ernährt sich autotroph.

5. a) Beschrifte die Abbildung des Einzellers Euglena.

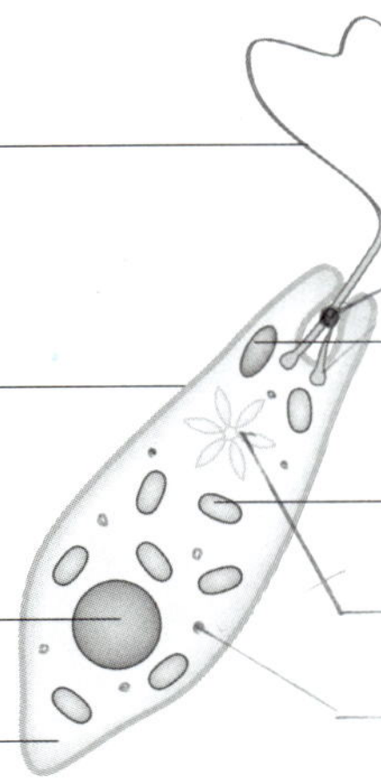

Geißel — 1
Zellmembran (= Pellicula)? — 3
Zellkern (Erbanlagen + Steuerung d. Lebensfunktion) — 4
Zellplasma — 6
7 Fotorezeptor (zum Erkennen von hell- u. dunkel)
2 Augenfleck
5 Chloroplast
6 pulsierende Vakuole
8 Stärkekörnchen

b) Vervollständige den Lückentext.
Euglena ist ein einzelliges Lebewesen, das sich in Abhängigkeit von den Umweltbedingungen autotroph oder heterotroph ernähren kann.

Bei Lichtmangel benötigt Euglena die organischen Stoffe aus den Gewässern für seine Ernährung.

Sie ernährt sich dann heterotroph.

Sind die Lichtverhältnisse günstiger, kann Euglena durch die Aufnahme von Wasser, Mineralsalze und Kohlenstoffdioxid in den Chloroplasten organische Stoffe aufbauen.

Sie ernährt sich dann autotroph.

6. Euglena besitzt Merkmale von Pflanzen und Tieren. Welche Merkmale sprechen dafür, dass die Euglena

a) zu den Pflanzen gehört?

- im Licht autotroph
- Chloroplasten, Stärkekörnchen

b) zu den Tieren gehört?

- hetertroph bei ungünstigen Lichtverhältnissen
- keine Zellwand, nur eine Zellmembran

 ISBN 3-89818-429-3

7. Betrachte ein Pantoffeltierchen mit dem Mikroskop.

Materialien:

Objekte:	Einzeller im Heuaufguss (etwas zerschnittenes Heu und Leitungswasser mit Wasser aus einem Teich oder See übergießen, mit Glasplatte bedecken)
Chemikalien:	Wasser
Geräte:	Mikroskop, Deckgläschen, Objektträger, Pipette, Filterpapierfasern (abgeschabt)

Durchführung:

1. Entnimm nach etwa 3 Wochen mit der Pipette Wasser unter der Kahmhaut des Heuaufgusses, gib einen Tropfen auf den Objektträger.
2. Gib einige abgeschabte feine Filterpapierfasern in den Wassertropfen und bedecke ihn mit einem Deckgläschen.
3. Beobachte den Wassertropfen mithilfe des Mikroskops (100–150fache Vergrößerung) und suche dir ein zwischen den Fasern festgesetztes Pantoffeltierchen.
4. Beobachte das Pantoffeltierchen, beschreibe und zeichne es. Beschrifte die erkannten Teile.

Beobachtungsergebnisse:

Beschreibung:

Zeichnung:

8. Löse das Rätsel. Ergänze in den grauen Kästchen Buchstaben. Welchen tierischen Einzeller hast du gefunden?

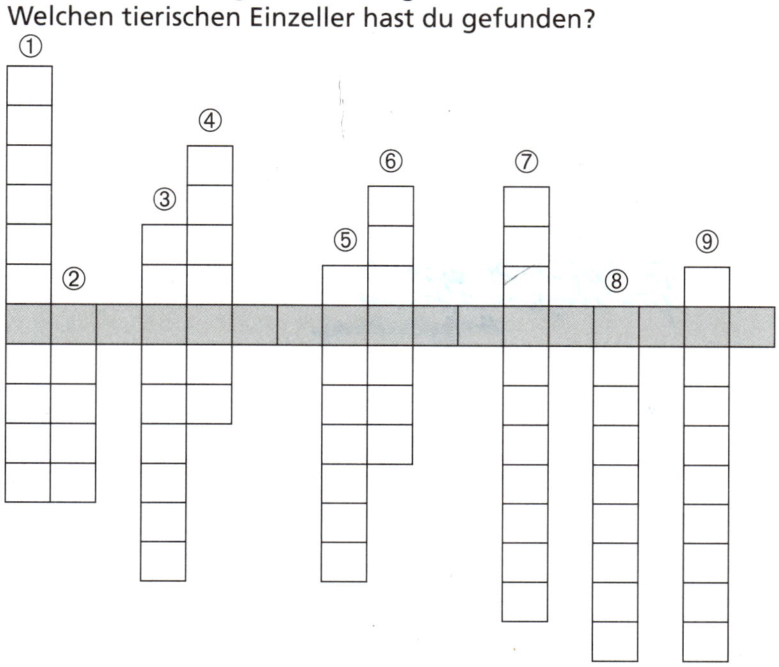

① Bestandteil einzelliger Grünalgen
② Tierischer Einzeller
③ Ernährungsweise einzelliger Grünalgen
④ Bestandteil pflanzlicher Zellen
⑤ Bestandteil einzelliger Lebewesen
⑥ Einzelliges Lebewesen
⑦ Ernährungsweise einzelliger Tiere
⑧ Einzellige Grünalge
⑨ Zellbestandteil

 ISBN 3-89818-429-3

9. a) Welche Grünalgen sind hier abgebildet (A–C)?

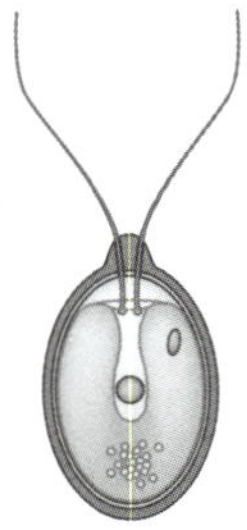

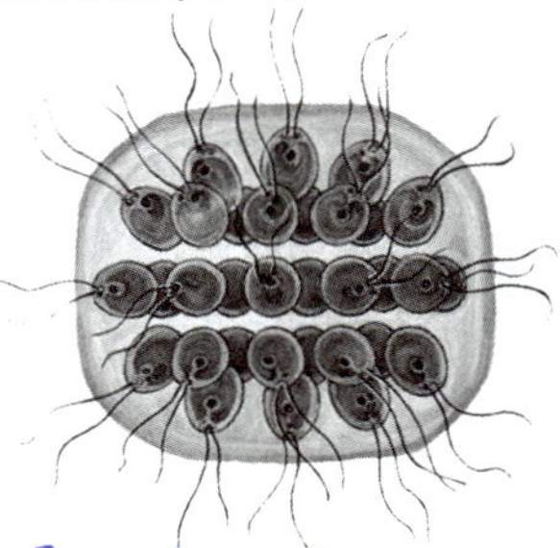

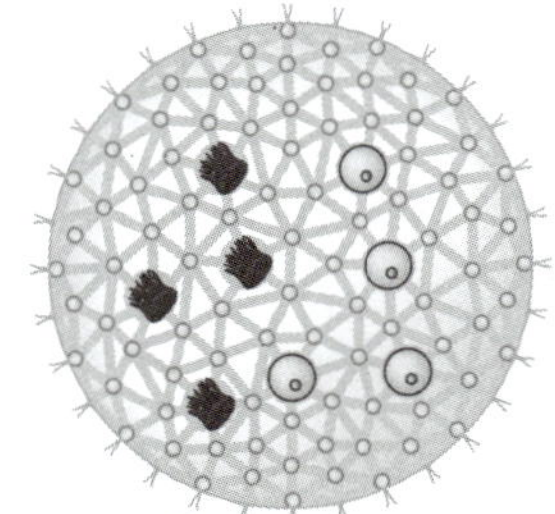

A Chlamydomonas

B Eudorina

C Volvox

b) Beschreibe anhand der Abbildungen von Grünalgen die Entwicklung vom Einzeller zum Vielzeller.

A: - Einzeller: eine Zelle; Zellen können alle Lebensfunktionen ausführen; sind allein lebensfähig

B: - Zellkolonien: sind durch ungeschlechtliche Fortpflanzung theoretisch unsterblich, mehrere Zellen

C: - Vielzeller: viele Zellen; nicht mehr alle Zellen allein lebensfähig, Arbeitsteilung: Spezialisierung von Zellen für unt. Aufg.

10. a) Benenne die abgebildete Alge und beschrifte die Bestandteile.

b) Beschrifte die unterschiedlich gebauten Zellen dieser Alge.

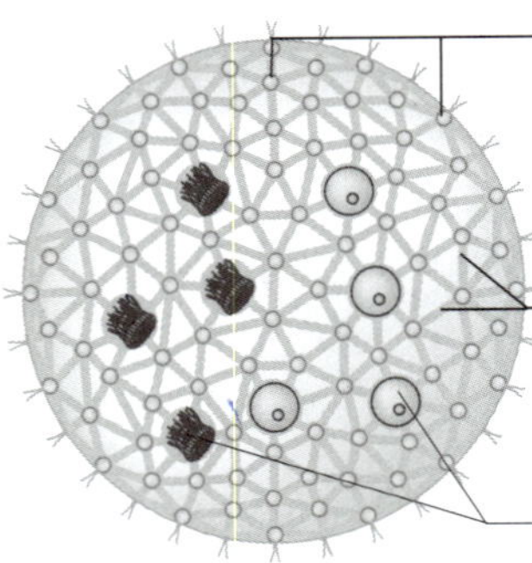

1 Geißelzelle

2 Plasmabrücke

3 Geschlechtszellen (Ei- u. Spermienzelle)

Volvox

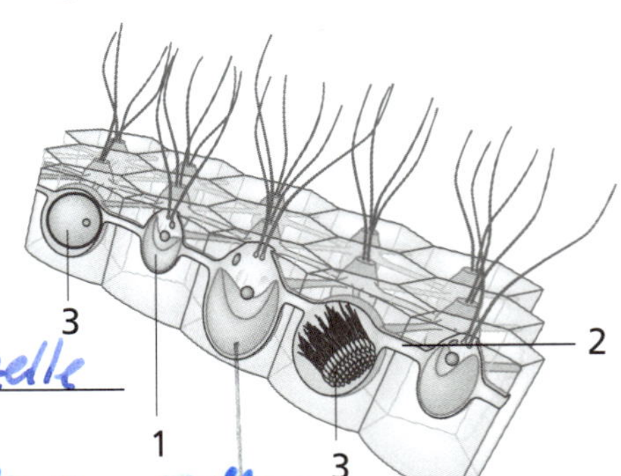

3 Eizelle

1 Fortpflanzungszelle für ungeschlechtliche Fortpflanzung

2 Spermienzelle

c) Beschreibe die Beziehungen zwischen Bau und Funktion dieser Zellen.

Geißelzellen: dienen der Ernährung (Chloroplast gut ausgebildet) und der Fortbewegung (durch große Geißeln)

Zelle für ungeschl. Fortpfl.: —"— , → besonders groß → muss Querteilung durchführen

Spermienzelle

 ISBN 3-89818-429-3

11. Mikroskopiere und beobachte einzellige Grünalgen.

Materialien:

Objekte:	Hüllengeißelalge (Chlamydomonas spec.; aus einer Erde-Wasser-Kultur), Kugel-Grünalge (Chlorococcum, grüner Belag an Wetterseite von Bäumen)
Chemikalien:	Wasser
Geräte:	Mikroskop, Deckgläschen, Spatellöffel, Objektträger, Pipette, Pinzette

Durchführung:

A 1. Gib mit der Pipette einen Wassertropfen aus der Erde-Wasser-Kultur auf einen Objektträger, lege ein Deckgläschen auf und mikroskopiere.

2. Beschreibe die äußere Gestalt der Hüllengeißelalge, fertige eine Zeichnung an.

B 1. Schabe mit einem Spatellöffel etwas von dem grünen Belag an Baustämmen ab, bringe ihn auf einen Objektträger, gib einen Tropfen Wasser hinauf, bedecke ihn mit einem Deckgläschen und mikroskopiere.

2. Was kannst du beobachten? Fertige eine Zeichnung an.

Beobachtungsergebnisse:

Beschreibungen:

A

B

Zeichnungen:

12. Begründe, warum Algen bei der Beurteilung der Gewässergüte als Anzeiger der Wasserqualität genutzt werden.

 ISBN 3-89818-429-3

1.3 Wirbellose Tiere in ihren Lebensräumen

1. Die Abbildungen zeigen verschiedene Tiere.

   a) Benenne sie und ordne sie in eine Gruppe ein.

Kreuzspinne
Spinnentier

(Ameise)
Schwarze Waldameise
Insekten

Ohrenqualle
Hohltier

Weinbergschnecke
Weichtier

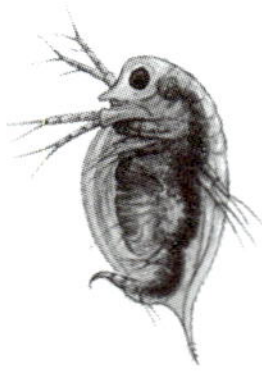

Wasserfloh
Krebstiere

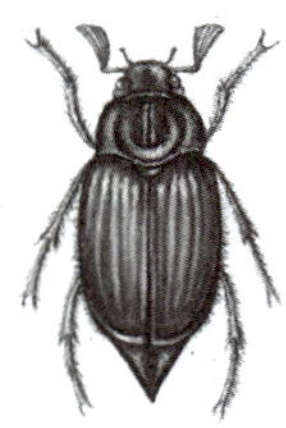

Maikäfer
Insekten

Stubenfliege
Insekten

Tagpfauenauge
Insekten

   b) Durch welches gemeinsame Merkmal sind diese Tiere gekennzeichnet?

- wirbellose Tiere - alle Gliederfüßer, außer Qualle
- keine Knochen

2. a) Nenne den Namen des abgebildeten tierischen Vielzellers und beschrifte. Zu welcher Gruppe gehört dieses Tier?

   b) Beschreibe die Ernährung dieses Tieres.

a) Süßwasserpolyp

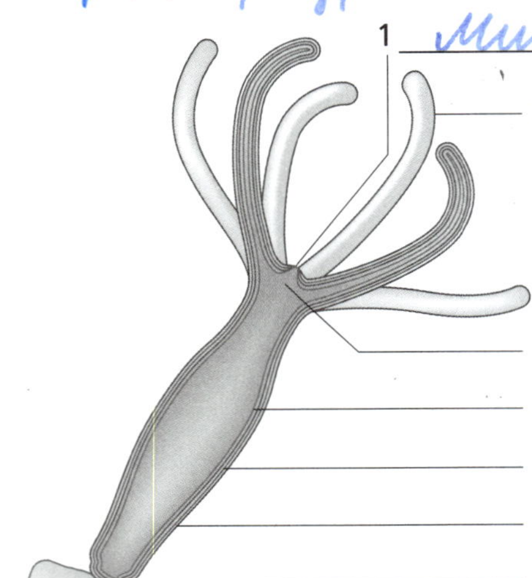

1 Mundöffnung
2 Tentakel
3 Magenhöhle
4 innere Schicht
5 Stützschicht
6 Außenschicht
7 Fußscheibe

b) *Beschreibung:*

   c) Benenne die Art der Fortpflanzung dieses Tieres.

 ISBN 3-89818-429-3

3. Beschrifte die in der Abbildung gekennzeichneten Teile des Regenwurms.

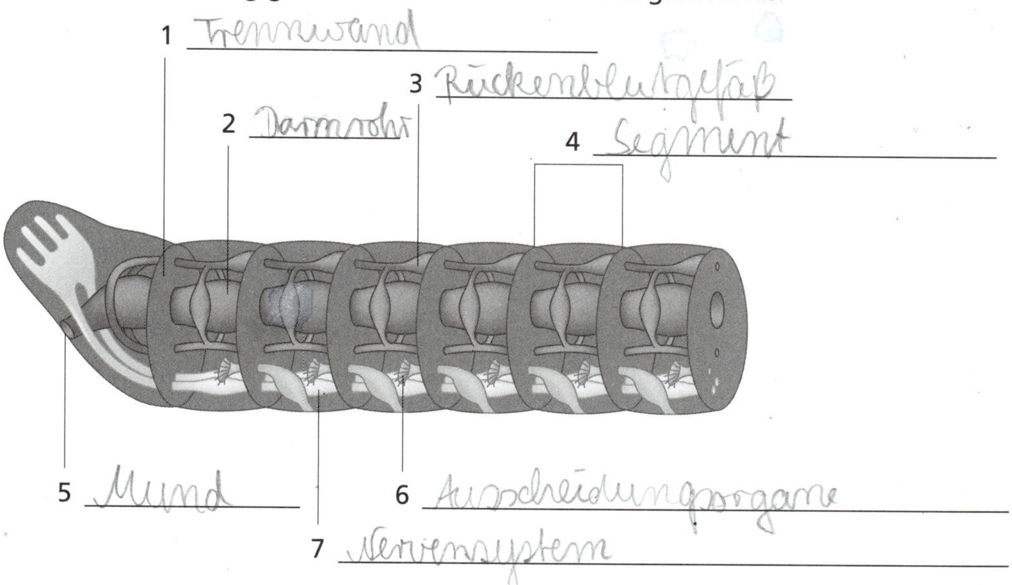

4. Ergänze folgenden Lückentext.

Regenwürmer gehören zu den Ringelwürmern, weil sie gleichmäßig segmentiert sind. Zum Transport von Atemgasen und Nährstoffbausteinen besitzen sie ein geschlossenes Blutgefäßsystem. Regenwürmer reagieren auf Reize (Umwelteinflüsse) mithilfe eines Strickleiternervensystems (Gehirn), Sinneszellen und eines Muskelsystems. Sie haben eine feuchte u. dünne Haut und führen Hautatmung durch. Regenwürmer sind Zwitter, da sie männliche und weibliche Geschlechtsorgane besitzen. Für den Menschen sind sie nützlich, da sie den Erdboden auflockern, düngen und bewässern.

5. Landwirte und Gärtner freuen sich, wenn viele Regenwürmer in den von ihnen genutzten Äckern leben. Welcher Nutzen kann sich aus der Tätgkeit der Regenwürmer im Boden ergeben?

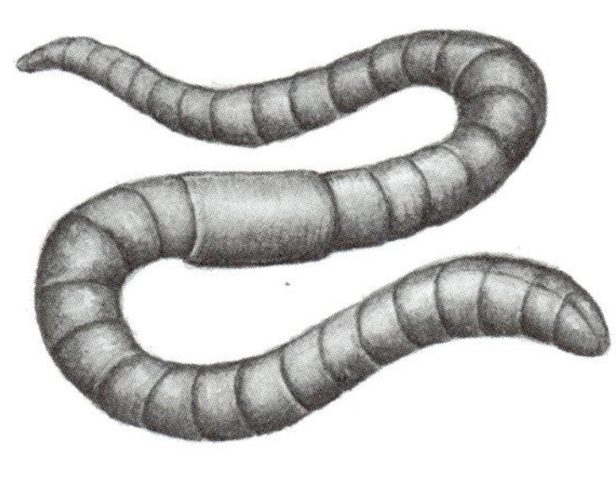

 ISBN 3-89818-429-3

6. Die Abbildungen zeigen Insekten, die man auf einer Wiese beobachten kann.
Benenne die Insekten.

1 ____________

2 ____________

3 ____________

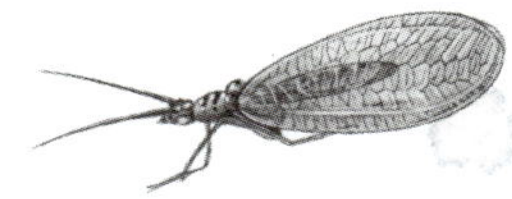
4 ____________

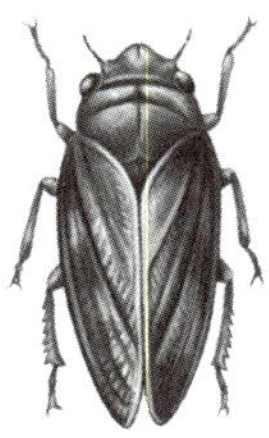
5 ____________

6 ____________

7 ____________

8 ____________

7. Sammle Informationen über Insektenordnungen. Nutze dazu auch das Internet. Erstelle eine Mind Map, die die wesentlichen Kennzeichen der Insektenordnungen zusammenfasst.
   a) Suche Informationen zu folgenden Ordnungen:
   Käfer, Schmetterlinge (Tagfalter), Hautflügler.
   b) Notiere auf den Hauptästen die Insektenordnungen.
   Schreibe die jeweiligen Kennzeichen auf Nebenästen dazu.
   c) Finde zu jeder Insektenordnung ein Beispiel.

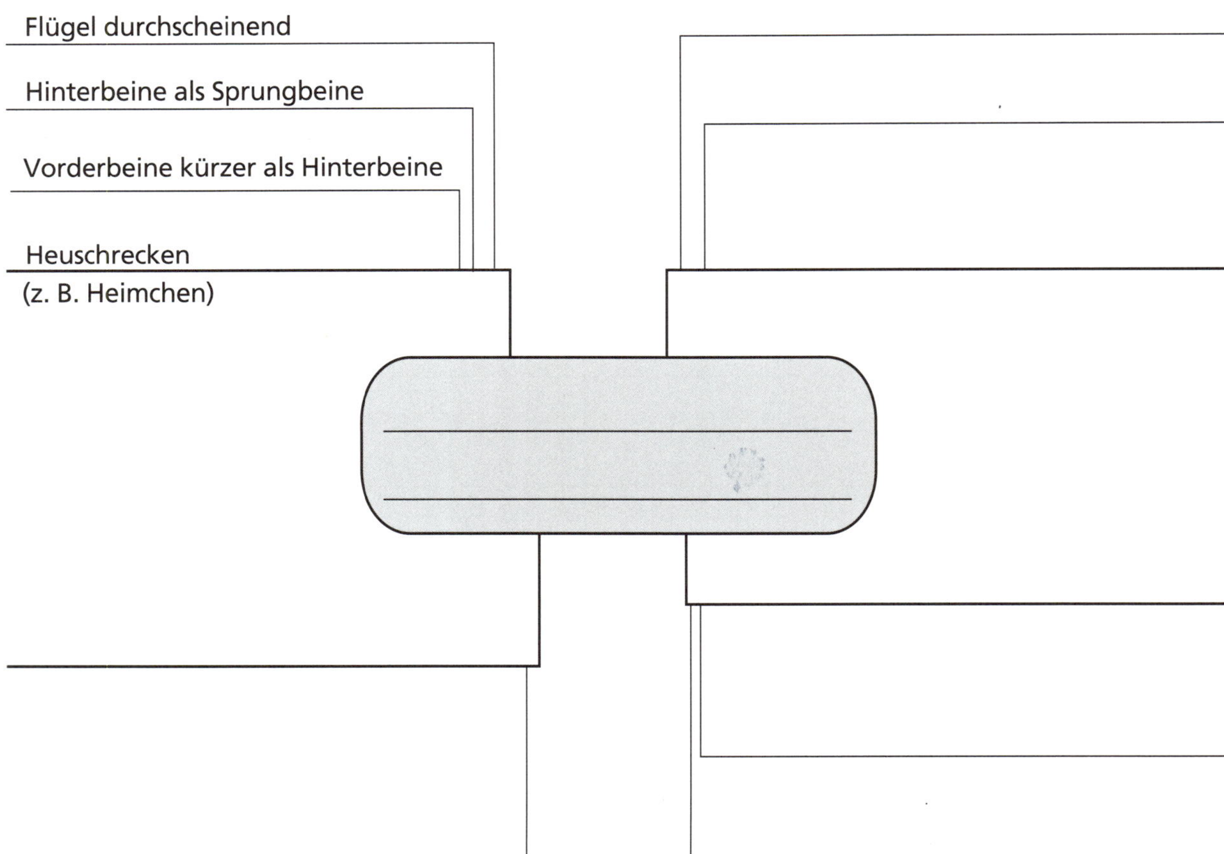

 ISBN 3-89818-429-3

8. a) Nenne die Entwicklungsstadien bei Insekten.

____

b) Welche Insektenordnungen werden abgebildet (A, B)?
Ordne den Entwicklungsstadien der Insektenordnungen die richtigen Begriffe zu.

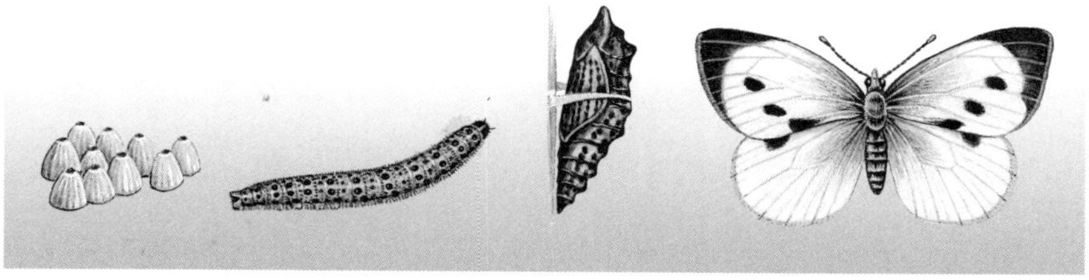

A ____________

____ ____ ____ ____

B ____________

____ ____ ____

c) Was verstehst du unter Metamorphose?

____

9. Die Heuschrecke durchläuft eine unvollkommene Metamorphose, der Schmetterling aber eine vollkommene Metamorphose.
Vergleiche die Entwicklungsstadien beider Tiere.
Begründe, warum es sich bei der Heuschrecke um eine unvollkommene und beim Schmetterling um eine vollkommene Metamorphose handelt.

Vergleich:

____

Begründung:

____

 ISBN 3-89818-429-3

10. Beschrifte das Insekt. Insekten besitzen eine äußere Gliederung (A, B, C).

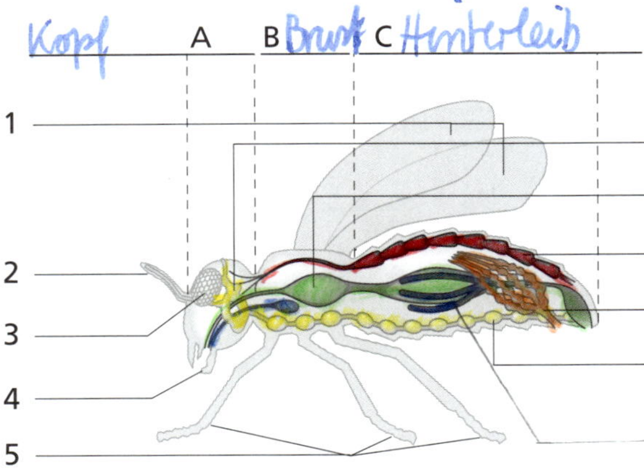

A Kopf – B Brust – C Hinterleib

1 Flügel
2 (Antenne) Fühler
3 Facettenauge
4 Mundwerkzeug
5 3 Paar Beine (Gliederbeine)
6 zentraler Nervenknoten
7 Darm
8 offener Blutkreislauf
9 Geschlechtsorgan
10 (Nervensystem) Strickleiternervensystem
11 Ausscheidungsorgan

11. Die Stubenfliege war im alten Ägypten ein Symbol für Tapferkeit, weil sie hartnäckig ist. Besonders mutigen Kriegern wurden Medaillen in Fliegenform verliehen.

Wir empfinden sie meist als lästig. Schauen wir aber genauer hin, so hat sie sehr bemerkenswerte Eigenschaften. Eine Fliege ist ein geschickter Pilot, der etwa 200-mal in der Sekunde mit den Flügeln schlägt und Saltos perfekt beherrscht. Sie kann überall mühelos landen und auch Kopf unter an der Decke laufen. Ihre Füße sind nicht nur wie Saugnäpfe, sondern auch ihre „Vorkoster“. An den Vorderfüßen hat die Fliege Geschmackshaare. Hat sie erst mal etwas Süßes entdeckt, fährt sie ihren Rüssel aus. Ist die Nahrung fest, so lässt sie ihren Speichel darauf laufen. Fliegen können nur Flüssiges aufnehmen.

a) Notiere in Stichpunkten alle Aussagen zur Nahrungsaufnahme der Stubenfliege.

- an Vorderfüßen Geschmackshaare → „Vorkoster“
- hat sie etwas Süßes entdeckt, fährt sie ihren Rüssel aus, lässt auf feste Nahrung Speichel laufen, da sie nur Flüssiges aufnehmen kann

b) Sammle Informationen über die Nahrungsaufnahme bei Stubenfliegen aus Tierbüchern oder Internet. Entscheide mit welchem Mundwerkzeug die Stubenfliege ihre Nahrung aufnimmt. Kreuze an.

- [ ] Leckrüssel
- [ ] Stechrüssel
- [ ] Beißkiefer
- [x] Saugrüssel

Tipp:
Versuche an einer toten Stubenfliege die Mundwerkzeuge mit der Lupe zu betrachten.
Überprüfe deine Entscheidung.

c) Warum lässt die Stubenfliege auf feste Nahrung ihren Speichel laufen? Was bewirkt der Speichel?

Der Speichel zersetzt die feste Nahrung, sie wird flüssig, wodurch die Fliege sie einsaugen kann. Außerdem löst er wichtige Nährstoffe auf.

 ISBN 3-89818-429-3

12. Die Abbildungen zeigen die Hinterbeine von zwei verschiedenen Insekten.

a) Nenne die Insekten, die solche Hinterbeine besitzen.

Sammelbein, Honigbiene | Sprungbein, Heuschrecke

b) Beschreibe die Hinterbeine.

- verdickte Schiene und verdickter Fuß (→ erstes Fußgelenk)	- dicker, großer Schenkel
- Schenkel seitlich nach außen abgeknickt	- lange, dünne Schiene
	- nach außen abgeknickter Fuß → große Fußfläche
	- stark ausgeprägte Hüfte
	- kleines Schenkelglied
	- Häkchen an Schienen

c) Sammle Informationen über die Nutzung der Hinterbeine.

- sammeln von Nektar	- zum Springen
- Bestaubung von Blüten → da Pollen haften bleiben	- zirpen → Partnersuche

13. Die Insektenordnungen Schmetterlinge, Käfer, Zweiflügler und Hautflügler unterscheiden sich in der Ausbildung ihrer Flügel. Fülle die Tabelle aus.

Arten	Anzahl der Flügelpaare	Ausbildung der Vorderflügel	Ausbildung der Hinterflügel	Insekten-ordnungen
Maikäfer, Ölkäfer, Marienkäfer, Mistkäfer (Schnellkäfer)	2	- hart, Schutz für Hinterflügel → Deckflügel	häutige Hinterflügel, zum Fliegen	Käfer
Honigbiene, Hummel, Ameisen	2	häutig, zum Fliegen	häutig, zum Fliegen	Hautflügler
Kohlweißling, Tag- und Nachtfalter, Zitronenfalter, Trauermantel (Aurorafalter)	2	- zart, mit farbigen Schuppen, zum Fliegen	zart, mit farbigen Schuppen, zum Fliegen	Schmetterlinge
Stubenfliege, Mücke, Fruchtfliege, alle Fliegen, Bremsen	1	häutig, für das Fliegen	- Schwingkölbchen	Zweiflügler

 ISBN 3-89818-429-3

Hautflügler
Termiten, Blattschneideameisen

14. a) Erläutere den Begriff Tierstaat. Nenne Beispiele für Tierstaaten.

z.B. Honigbiene, Termiten, Rote Waldameisen, Wespen
In einem Tierstaat gibt es eine strenge Arbeitsteilung.
Es gibt unterschiedlich gebaute Lebewesen mit verschiedenen
Aufgaben. Die Einzellebewesen sind voneinander abhängig.
Die Aufgabe eines Tierstaates besteht darin, Bedingungen
zu schaffen, die die Erhaltung der Art garantieren.
In einem Tierstaat erfolgt ein Zusammenleben von tausenden
Lebewesen. Bei der Honigbiene kann z.B. die Königin nur Eier legen, da
nur sie reife Geschlechtsorgane hat. Nur die Sammelbienen haben ausgebildete*

b) Welche Vorteile bietet ein Tierstaat für das einzelne Lebewesen?

Nachteile:
- lockt Feinde an (großer Staat)
- Ausbruch von Krankheiten

- Arbeitsteilung → auf andere Tiere angewiesen, Nahrungserwerb
- Schutz vor Feinden
- findet ein Tier keine Beute, kann es von der Beute anderer oder vom Vorrat fressen → Nahrungsverteilung
- wärmen sich gegenseitig zur Winterüberdauerung

15. Viele Insekten haben im Kreislauf der Natur eine wichtige Bedeutung.
Fülle die Tabelle aus. Beachte dabei, dass diese Insekten Glieder von Nahrungsketten sind.

Insekten	Bedeutung im Kreislauf der Natur
Rote Waldameise	
Schlupfwespe	
Honigbiene	

16. In dem Rätsel sind Namen von 10 wirbellosen Tieren versteckt. Finde sie. Ordne sie in die Gruppen Hohltiere, Weichtiere, Insekten und Krebstiere.

A	S	Ü	S	S	W	A	S	S	E	R	P	O	L	Y	P	Q
B	K	J	L	N	W	M	I	K	M	L	N	K	O	R	G	A
W	E	I	N	B	E	R	G	S	C	H	N	E	C	K	E	M
A	C	E	D	O	S	P	U	X	Z	A	T	L	C	E	G	A
S	F	I	L	Q	P	R	V	Y	S	B	W	L	D	F	H	C
S	G	H	A	M	E	I	S	E	J	S	U	E	V	W	Y	E
E	F	L	U	S	S	K	R	E	B	S	T	R	X	Z	A	B
R	B	F	J	M	O	H	R	E	N	Q	U	A	L	L	E	P
F	G	C	L	O	Q	U	Y	V	B	E	D	S	K	G	H	X
L	D	H	N	R	T	S	Z	A	W	C	F	S	L	J	I	Y
O	I	K	E	S	H	O	N	I	G	B	I	E	N	E	A	Z
H	T	E	I	C	H	M	U	S	C	H	E	L	M	P	O	W

(ß = SS) (Ü bleibt Ü)

Hohltiere
1. ______
2. ______

Weichtiere
1. ______
2. ______

Insekten
1. ______
2. ______
3. ______

Krebstiere
1. ______
2. ______
3. ______

* Sammelbeine. Nur die Honigmacher haben einen Honigmagen. Nur die Ammenbienen haben Futtersaftdrüsen zur Versorgung der Larven.

 ISBN 3-89818-429-3

Nur die Baubienen besitzen Wachsmägen um zu bauen

17. a) Zu welchen Gruppen gehören die abgebildeten Tiere?

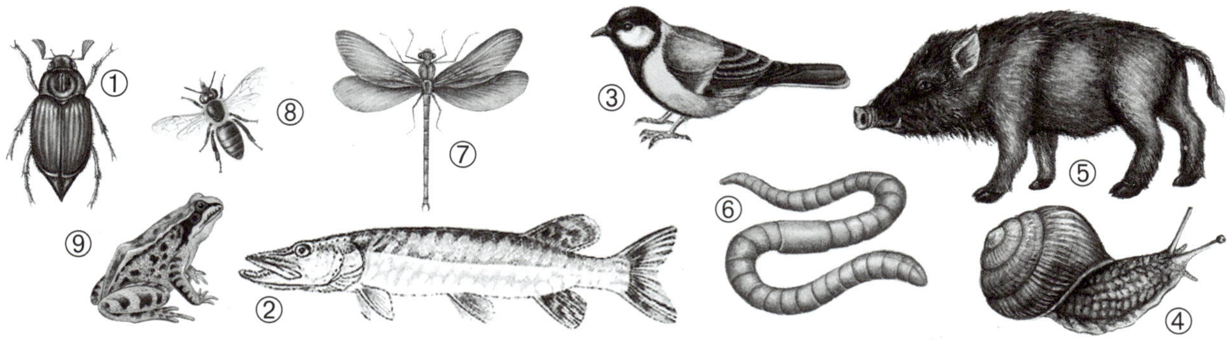

① ________ ② ________ ③ ________

④ ________ ⑤ ________ ⑥ ________

⑦ ________ ⑧ ________ ⑨ ________

b) Finde das Merkmal heraus, durch das die Tiere in 2 Gruppen eingeordnet werden können.

Merkmal: ________

c) Nenne die zwei Gruppen und ordne die Tiere in die Gruppen ein.

Gruppe 1: ________

Gruppe 2: ________

18. Löse das Kreuzworträtsel. Ordne die Tiere den Wirbeltieren und wirbellosen Tieren zu, indem du sie verschieden farbig kennzeichnest. Begründe deine Zuordnung.

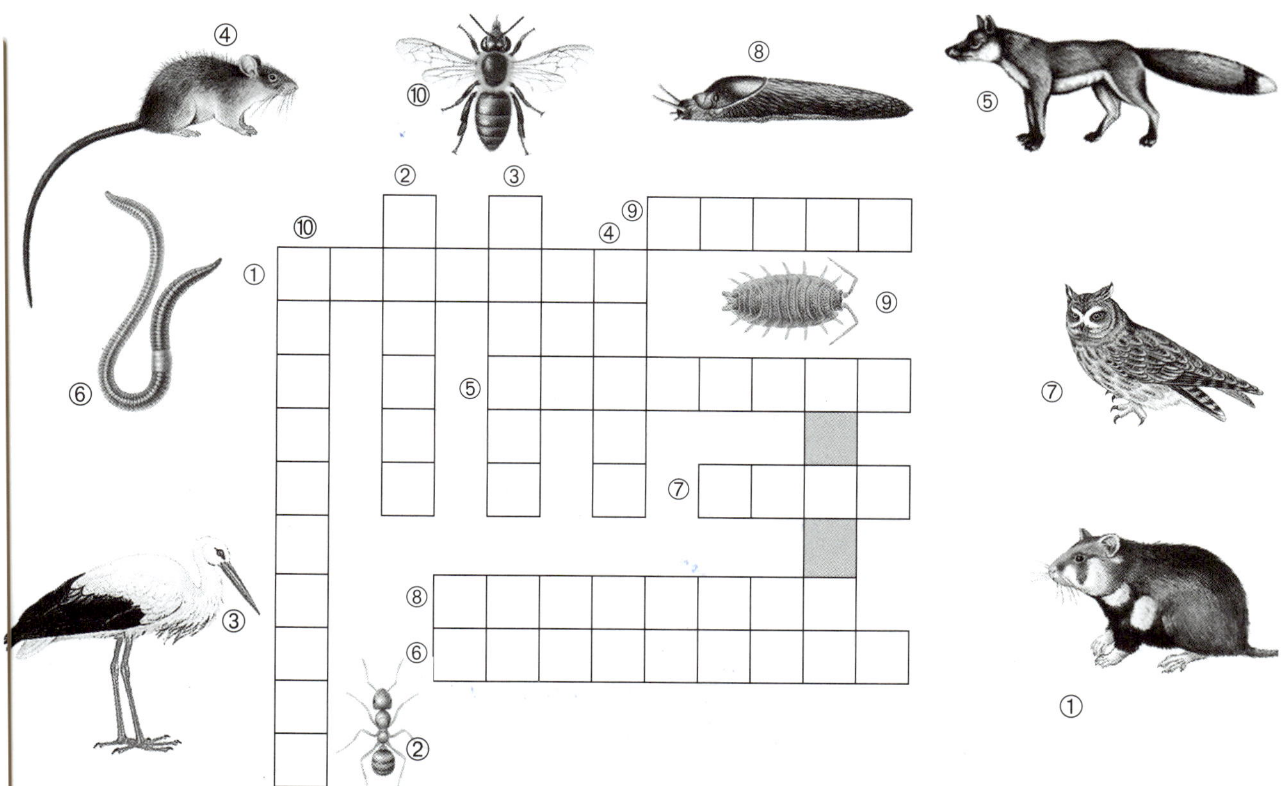

Begründung: ________

 ISBN 3-89818-429-3

2. Stoff- und Energiewechsel beim Menschen

2.1 Bestandteile der Nahrung und gesunde Ernährung

1. Nenne Nahrungsmittel, die besonders viel Eiweiß, Kohlenhydrate oder Fett enthalten. Milchprodukte, Milch

   Eiweißreiche Nahrungsmittel: Kartoffeln, Nüsse, Bohnen, Getreideprodukte, Fleisch, Fisch, Eier,

   Kohlenhydratreiche Nahrungsmittel: Trauben-Rohr-u. Fruchtzucker, Kartoffel-u. Weizenstärke, Brot, Nudeln

   Fettreiche Nahrungsmittel: Butter, Magarine, Schmalz, Speck, Öl, Fleisch, Wurst, Käse, Nüsse, Schokolade

   + Zuckerwaren, Honig, Bonbons, Süßigkeiten, Obst + Gemüse Milch

2. Ergänze das Schema, in das folgende Begriffe eingeordnet werden: Ergänzungsstoffe, Fette, Kohlenhydrate, Vitamine, Nährstoffe, Ballaststoffe, Wasser, Eiweiße, Mineralstoffe, Bestandteile der Nahrung.

- Bestandteile der Nahrung
  - Nährstoffe
    - 1 Eiweiße
    - Fette
    - 2 Kohlenhydrate
  - Ergänzungsstoffe
    - 3 Wasser
    - 4 Vitamine
    - Ballaststoffe
    - 5 Mineralstoffe

3. Die Bestandteile der Nahrung besitzen für den Menschen unterschiedliche Bedeutung. Fülle die Tabelle aus.

Bestandteile der Nahrung	Bedeutung
1 Eiweiße	Die Eiweiße (pflanzliches u. tierisches Eiweiß) sind wichtige Baustoffe für unseren Körper. Erhaltung v. Muskeln, Organen, Blut, für Nerven- u. Immunsystem wichtig
Fette	Fette sind als Energielieferanten für unseren Körper unerlässlich.
2 Kohlenhydrate	Die Kohlenhydrate sind die wichtigsten Energielieferanten und Baustoffe für unseren Körper. Für Muskulatur, Nerven, Körpertemperatur
3 Wasser	-Lösungsmittel, Transportmittel für Nährstoffe, Ergänzungsstoffe, ...; für Abtransport u. Ausscheidung v. Stoffen -Verdunstung v. Schweiß → Schutz d. Haut v. Überhitzung
4 Vitamine	Wirkstoffe, die wichtige Lebensprozesse steuern, z.B. Vitamin A → Sehen, Wachstum, Hauterneuerung
5 Mineralstoffe	-geringe Mengen, wichtig für versch. lebenswichtige Funktionen im Körper; z.B. Ca → Knochenaufbau, Zahnstärkung; Eisen (Fe) → Blutbildung
Ballaststoffe	-unverdauliche Pflanzenstoffe, sorgen für Darmbewegung u. Magenfüllung

○ Wachstum v. Kindern

 ISBN 3-89818-429-3

4. Erläutere die Begriffe Bau- und Betriebsstoffe.

Baustoffe: Wenn die Nährstoffe vor allem dem Neuaufbau von Zellsubstanz (und damit dem Wachstum des Organismus), so spricht man von Baustoffen

Betriebsstoffe: Werden Körpereigene Nährstoffe abgebaut, um die in ihnen enthaltene chemische Energie für die Aufrechterhaltung der Lebensprozesse zu nutzen, spricht man von Betriebsstoffen.

5. Bei dem Abbau der Nährstoffe im Körper wird Energie freigesetzt. Die Menge der freigesetzten Energie ist unterschiedlich. Bei dem Abbau von 1 g der Nährstoffe Kohlenhydrate, Fette, Eiweiße wird folgende Energie freigesetzt:

Kohlenhydrate etwa 17 kJ Fette etwa 38 kJ Eiweiße etwa 17 kJ

Berechne, welche Energiemengen für die jeweiligen Arbeiten pro Tag nötig sind.

Tätigkeiten	Kohlenhydrate	Fette	Eiweiße	Energiemengen/Tag
Leichte Arbeit	400–500 g/Tag	50–60 g/Tag	60–80 g/Tag	9720kJ – 12140kJ
Schwere Arbeit	500–700 g/Tag	50–60 g/Tag	80–100 g/Tag	11760kJ – 15880kJ
Schwerstarbeit	700–800 g/Tag	90–100 g/Tag	90–100 g/Tag	16850kJ – 19100kJ

6. Mit der Nahrung muss der Energiebedarf des Körpers abgedeckt werden. Die Energiemenge wird in Kilojoule angegeben. Sie ist u. a. abhängig von der Tätigkeit des Menschen:

Schulkind	9 000 – 10 000 kJ/Tag
Sekretärin	10 500 kJ/Tag
Hausfrau	12 500 kJ/Tag
Bergmann	18 000 kJ/Tag
Bergsteiger	37 000 kJ/Tag

Stelle einen ausgewogenen Speiseplan mithilfe von Ernährungstabellen zusammen,
- für ein Schulkind, das Aufbaustoffe benötigt,
- für eine Person, die körperlich schwer arbeiten muss.

Überprüfe deinen eigenen Speiseplan und ziehe entsprechende Schlussfolgerungen.

 ISBN 3-89818-429-3

7. Nahrungsmittel haben einen unterschiedlichen Energiegehalt. Errechne den Energiegehalt einer selbst zusammengestellten Frühstücksmahlzeit. Nutze dazu Ernährungstabellen.

____

____

____

8. Für deine Ernährung solltest du einige Grundregeln beachten. Kreuze in der folgenden Übersicht ehrlich an, welche Aussage jeweils auf dich zutrifft.
Ziehe Schlussfolgerungen für eine gesunde Ernährung daraus.

1. Meine Mutter verwendet viel Fett zum Kochen und Braten	❑	10. Ich esse in Ruhe und ohne Hektik.	❑
2. Auf den Suppen schwimmen immer Fettaugen.	❑	11. Beim Essen lese ich gerne oder sehe mir das Fernsehprogramm an.	❑
3. Die Bratensoße wird mit Sahne verfeinert.	❑	12. Ich beeile mich beim Essen.	❑
4. Zu Kartoffeln esse ich gern viel Sauce.	❑	13. Ich esse gern Vollkornbrot.	❑
5. Eintopfgerichte kocht meine Mutter mit einem Stück Fleisch. Zusätzlich gibt es bei der Mahlzeit Speck/Wurst.	❑	14. Ich esse einmal pro Tag eine Rohkost, z.B. Salat, rohe Möhren.	❑
6. Salatsoße auf Jogurtbasis verfeinert meine Mutter mit Öl.	❑	15. Ich „nasche" gern zwischen den Mahlzeiten, z.B. Käse/Wurst oder Süßigkeiten.	❑
7. Ich ess gern Wurst und Käse als dicke Scheibe.	❑	16. Bei den Mahlzeiten nehme ich mir manchmal noch einen „Nachschlag".	❑
8. Eine Scheibe Brot belege ich gern mit 2 Scheiben Wurst/Käse.	❑	17. Ich trinke 1,5 Liter am Tag, z.B. Milch, Mineralwasser, Fruchtsaft.	❑
9. Ich esse in regelmäßigen Abständen 5mal am Tag.	❑	18. Ich freue mich, wenn die Familie gemeinsam die Mahlzeiten einnimmt.	❑

____

____

9. In dem Rätsel haben sich 6 stärke- und 6 fetthaltige Nahrungsmittel versteckt. Finde sie.

M	A	C	M	Ü	S	L	I	U	W	Y	L	N
A	H	A	F	E	R	F	L	O	C	K	E	N
R	B	F	O	F	K	O	R	N	M	O	R	T
G	V	O	L	L	K	O	R	N	B	R	O	T
A	K	S	A	H	N	E	B	U	T	T	E	R
R	E	I	S	L	M	P	R	D	T	Z	V	P
I	S	C	H	M	A	L	Z	E	X	A	S	U
N	S	P	E	I	S	E	Ö	L	D	D	G	F
E	Q	O	S	N	E	R	D	N	Ü	S	S	E

stärkehaltige Nahrungsmittel

1 ______________
2 ______________
3 ______________
4 ______________
5 ______________
6 ______________

fetthaltige Nahrungsmittel

1 ______________
2 ______________
3 ______________
4 ______________
5 ______________
6 ______________

 ISBN 3-89818-429-3

10. Durch eine gesunde Ernährung kannst du Übergewichtigkeit sowie Magen- und Darmerkrankungen vorbeugen. Welche Ernährungsregeln solltest du beachten?

11. Wer sich gesund ernähren will, sollte so essen, dass seine Nahrungsmenge etwa zu 55 % aus Kohlenhydraten, zu 25 % bis 30 % aus Fetten und zu 15 % bis 20 % aus Eiweiß besteht.
Stelle mithilfe von Tabellen über den Gehalt an Grundnährstoffen bei verschiedenen Nahrungsmitteln einen ausgewogenen Speiseplan (Frühstück, Mittag, Kaffee, Abendbrot) zusammen.

12. Übergewicht kann zu ernsthaften Erkrankungen führen. Angestrebt werden sollte das Normalgewicht. Es wird nach der so genannten Broca-Formel berechnet:

„Normalgewicht" = Körpergröße in cm –100 in kg.

Miss deine Körpergröße in cm. Berechne dein „Normalgewicht".
Vergleiche das errechnete „Normalgewicht" mit deiner Körpermasse.
Ziehe Schlussfolgerungen aus deinen Ergebnissen.

 ISBN 3-89818-429-3

2.2 Verdauung, Resorption und Gesunderhaltung der Verdauungsorgane

1. Benenne die Abschnitte des Verdauungskanals (s. Abb.).
   Ergänze deren Aufgaben und abgesonderte Säfte.

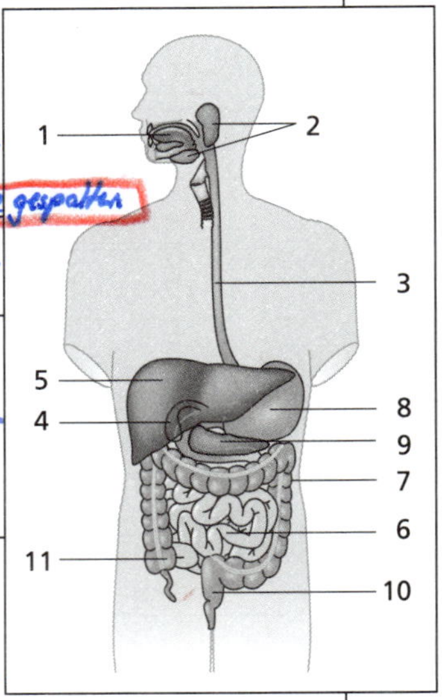

Vorgänge in den Verdauungsorganen		
Abschnitte	**abgesonderte Säfte**	**Aufgaben**
1 mit 2 Mundhöhle mit Speicheldrüse	Mundspeichel mit Kohlenhydrat spaltendem Enzym (z. B. Amylase)	- Zerkleinern der Nahrung durch Zähne und Zunge - Gleitfähigmachen d. Nahrung - Beginnen der Kohlenhydratverdauung: Mehrfachzucker Stärke wird in Zweifachzucker Maltose gespalten
3 Speiseröhre	Schleim	• Transport des Nahrungsbreies
8 Magen	Schleim Magensaft mit Eiweiß spaltendem Enzym (Pepsin) Salzsäure	Durchmischen d. Nahrungsbreis • Beginnen der Eiweißverdauung: Eiweiße (lange Aminosäureketten) werden in kürzere Aminosäureketten zerteilt • Transport d. Nahrungsbreis • Abtöten d. Bakterien
6 mit 4, 5, 9 Dünndarm mit Gallenblase, Leber, Bauchspeicheldrüse	• Transport d. Nahrungsbreis • Fette werden in feinste Tröpfchen verteilt • ~~Mehrfachzucker Stärke wird in Zweifachzucker Maltose gespalten~~ • Zweifachzucker Maltose wird in Einfachzucker Glucose gespalten * Aufnahme der Nährstoffbausteine durch Darmzotten in Blut bzw. Lymphe	Schleim Gallensaft Darmsaft und Bauchspeichel • mit • Kohlenhydrat spaltenden Enzymen (Amylase, Maltase) • Fett spaltenden Enzymen (Lipase) • Eiweiß spaltenden Enzymen (Trypsin)
7 mit 11 Dickdarm mit Blinddarm	Schleim	• teilweise Zersetzung der Unverdauten Ballaststoffe durch Bakterien • Eindicken des Nahrungsbreies durch Entzug von Wasser • Bildung u. Transport d. Kotes
10 Mastdarm mit After	Schleim	• Sammeln des Kotes • Kotabgabe

* • Fette werden in Glycerin u. Fettsäuren gespalten • Aminosäureketten werden in einzelne Aminosäuren gespalten

2. Beschreibe, was bei der Verdauung der Eiweiße, Fette und Kohlenhydrate in Mund, Dünndarm und Dickdarm geschieht.

Eiweißverdauung:

Fettverdauung:

 ISBN 3-89818-429-3

Kohlenhydratverdauung:

____

____

____

____

3. a) Beschrifte die in der Abbildung gekennzeichneten Teile einer Dünndarmzotte.

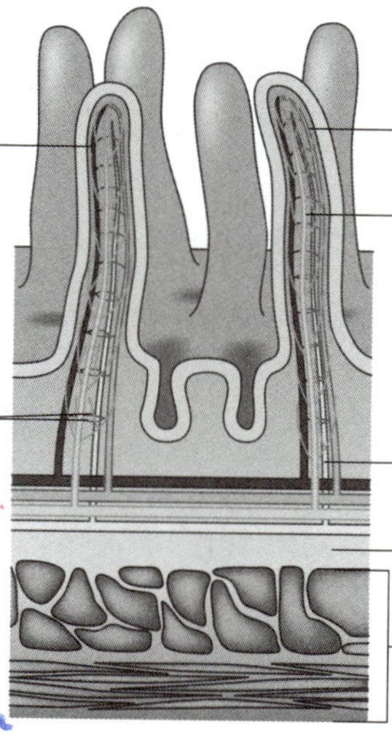

1 Arterie = Blutgefäße, die Blut vom Herzen weg führen

2 Blutkapillarnetz = sind die feinsten Verästelungen der Aterien u. Venen, verbinden also aterielles und venöses Gefäßsystem

3 Vene = Blutgefäße, die Blut zum Herzen führen

4 Nerv

5 Lymphgefäße

6 Schleimschicht

7 Muskelschicht

b) Erläutere am Beispiel der Dünndarmzotten den Zusammenhang von Bau und Funktion.

• Ausstülpungen, dadurch Oberflächenvergrößerung
• größere Oberfläche, dadurch größere Resorptionsmöglichkeit
• gute Versorgung mit Blut, dadurch guter Transport der Nahrungsbestandteile ≙ Grundbausteine.

c) Was verstehst du unter Resorption?

Resorption ist die Aufnahme der Nährstoffbausteine in das Blut (Traubenzucker, Aminosäuren) und in die Lymphe (Glycerin, Fettsäuren).

4. Vervollständige den Lückentext.

Im Verdauungssystem werden die in der Nahrung enthaltenen Nährstoffe mithilfe von Enzymen in ihre Grundbausteine zerlegt. Die Eiweiße werden in Aminosäuren, die Kohlenhydrate in Traubenzucker umgewandelt. Glycerin und Fettsäuren sind Grundbausteine der Fette. Die Verdauung beginnt in der Mundhöhle. Dort werden Kohlenhydrate aufgespalten. Die Eiweißverdauung beginnt im Magen. Die Endverdauung aller Grundnährstoffe findet im Dünndarm statt. Die Fette werden mithilfe von Gallensaft wasserlöslich gemacht. Durch die Wand der Darmzotten hindurch werden die Grundbausteine der Nährstoffe in Blut und Lymphe transportiert.

 ISBN 3-89818-429-3

5. Nachweis der Stärkeverdauung im Dünndarm (auch als DE)

Materialien:

Chemikalien: Stärkelösung; Iod-Kaliumiodidlösung, Pankreatinlösung, Fehling I und II

Geräte: Reagenzgläser, Reagenzglasständer, Reagenzglashalter, Wasserbad, Brenner, 3 Tropfpipetten, 2 Messzylinder oder 2 Messpipetten

Durchführung:

1. In einem Reagenzglas werden 5 ml Stärkelösung mit Iod-Kaliumiodidlösung (wenige Tropfen) blau gefärbt. Es werden etwa 1–2 ml Pankreatinlösung zugegeben. Das Reagenzglas wird ins Wasserbad (37 °C) gestellt und der Farbton der Lösung beobachtet.
2. Nach etwa 10 Minuten werden einige Tropfen von der im Wasserbad stehenden Lösung in ein weiteres Reagenzglas gegeben. Um festzustellen, ob die Stärke in Traubenzucker gespalten (verdaut) wurde, werden einige Tropfen fehlingsche Lösung dazu gegeben und vorsichtig erwärmt (Arbeitsschutz beachten!).
3. Dieser Vorgang wird jeweils nach 20 und 30 Minuten wiederholt.
4. Deine Beobachtungsergebnisse trage in die Tabelle ein.

Beobachtungsergebnisse:

Beobachtungen nach		
10 Minuten	20 Minuten	30 Minuten

Was hast du festgestellt?

Auswertung:

2.3 Atmung, Stofftransport und Ausscheidung

1. Benenne die abgebildeten Teile des Atmungssystems.
   Gib für die Teile je eine Funktion in Klammern dahinter an.

1 Nasenhöhle

2 Rachenraum

3 Kehlkopf

4 Luftröhre

5 Bronchien

6 Lungenbläschen

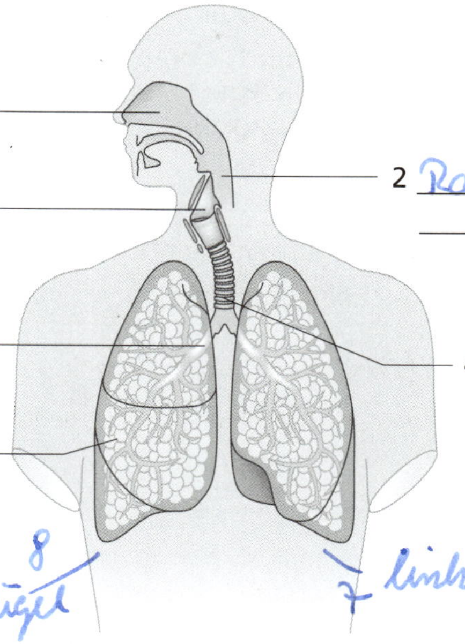

8 rechte Lungenflügel

7 linker Lungenflügel

2. a) Beschreibe anhand der Abbildung die Bewegung von Zwerchfell und Brustkorb beim Atmen.

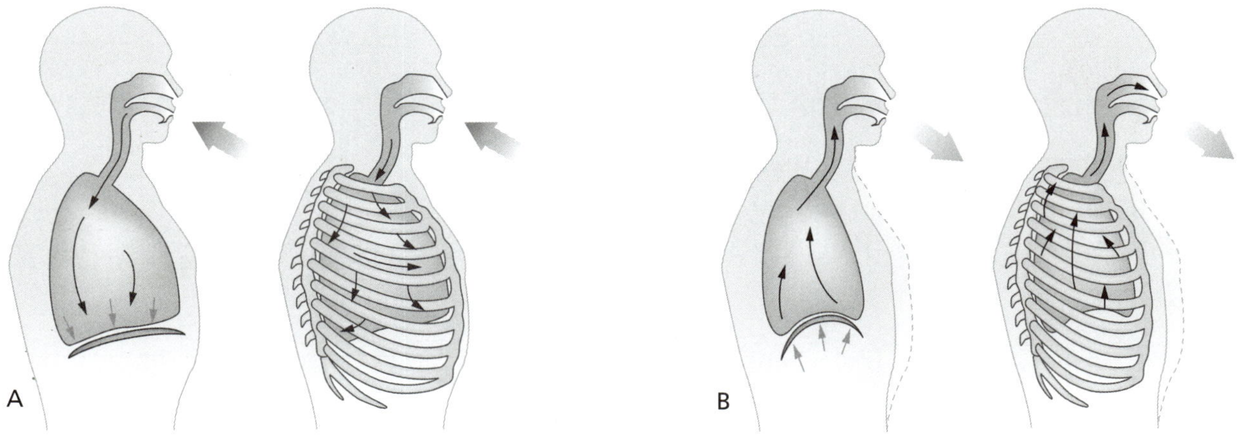

A: ______________________________

____

B: ______________________________

____

b) Erkläre das Ein- und Ausströmen der Luft.

____

____

____

____

 ISBN 3-89818-429-3

3. Weise die Änderung des Brustumfanges beim Ein- und Ausatmen nach. Gehe nach folgender Anleitung vor.

Materialien: Bandmaß

Durchführung:

a) Atme tief ein und miss deinen Brustumfang. Trage das Ergebnis in die Tabelle ein.

b) Atme vollständig aus und miss noch einmal deinen Brustumfang. Trage das Ergebnis in die Tabelle ein.

c) Errechne die Unterschiede. Begründe die Ergebnisse.

Beobachtungsergebnisse:

Schüler	Brustumfang		Unterschiede
	beim Einatmen	beim Ausatmen	
1			
2			
3			
4			
5			
6			
7			
8			

Begründung:

____

____

____

4. Die Atemgase werden in den Lungenbläschen ausgetauscht.

a) Beschrifte die Pfeile mit den entsprechenden Atemgasen.

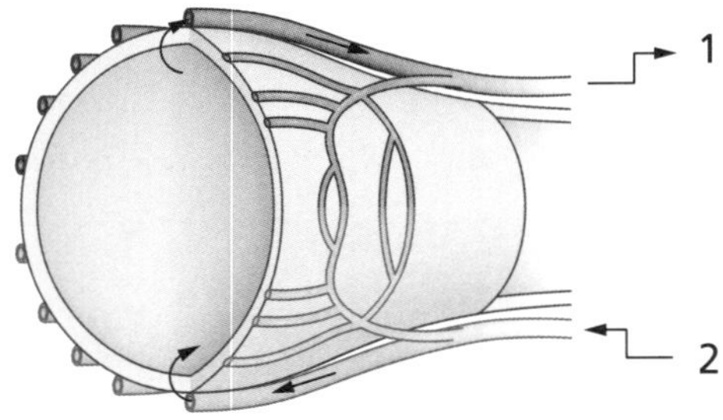

Blut, das aus den Lungenbläschen zum Herzen und in den Körper fließt, ist angereichert mit

____

Blut, das aus dem Körper zum Herzen und zur Lunge fließt, ist angereichert mit

____

b) Beschreibe und erkläre den Gasaustausch in der Lunge.

____

____

____

____

____

____

____

____

 ISBN 3-89818-429-3

5. Untersuche die Ausatemluft. Gehe nach folgenden Anleitungen vor.

a) Weise die Wasserabgabe durch die Lunge nach.

Materialien:
Spiegel oder Glasscheibe

Durchführung und Beobachtung:
1. Hauche deine Ausatemluft auf den Spiegel bzw. an die Glasscheibe.
2. Beobachte den Spiegel bzw. die Glasscheibe.
3. Notiere deine Ergebnisse.

___

Auswertung:
Erkläre die beobachtete Erscheinung.

___

___

b) Weise die Ausscheidung von Kohlenstoffdioxid aus der Lunge nach.

Materialien:
2 Gaswaschflaschen oder Erlenmeyerkolben, 2 Klammern, Gummischläuche, T-Stück, Nachweismittel (Kalkwasser)

Durchführung und Beobachtung:

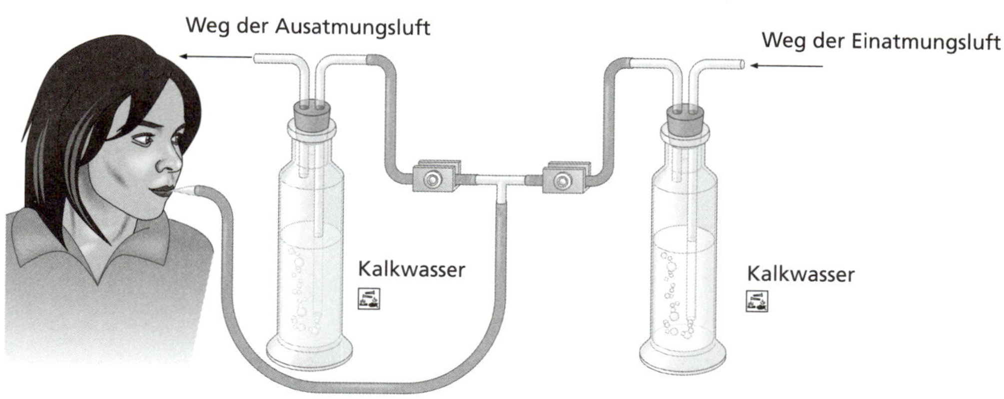

1. Atme einige Male ein und schließe dabei die linke Klammer. Atme einige Male aus und schließe dabei die rechte Klammer.
2. Betrachte die beiden Waschflaschen. Welche Unterschiede stellst du fest?

___

___

___

___

___

___

Auswertung:
Begründe die Unterschiede.

___

___

___

 ISBN 3-89818-429-3

6. Benenne die in der Abbildung gekennzeichneten Bestandteile des Blutes.

rote Blutkörperchen 1

2 weiße Blutkörperchen

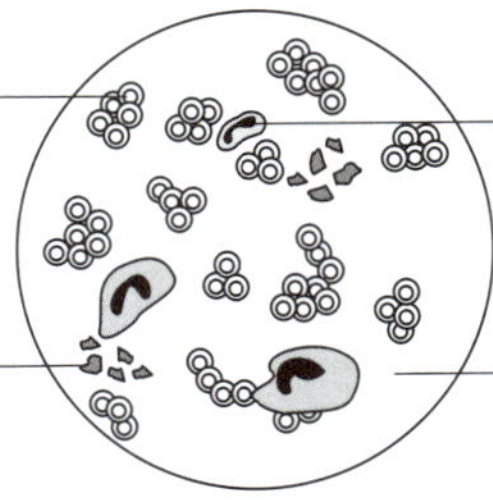

Blutplättchen 4

3 Blutplasma

7. Wie unterscheiden sich die festen Bestandteile des Blutes? Vervollständige dazu die Tabelle.

feste Bestandteile des Blutes	Bau	Funktionen	Bildungsorte	Lebensdauer
rote Blutzellen 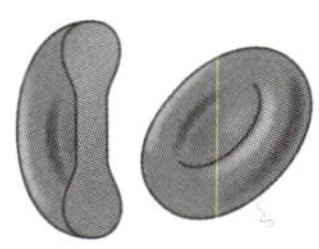				
weiße Blutzellen 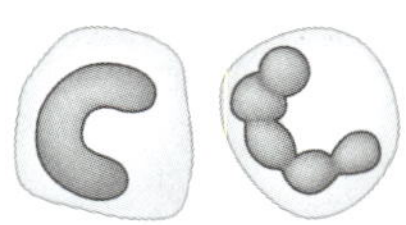				
Blutplättchen 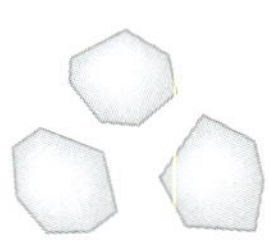				

8. Welche Aufgaben hat das Blut?

9. Beschrifte die in der Abbildung gekennzeichneten Teile des Herzens.

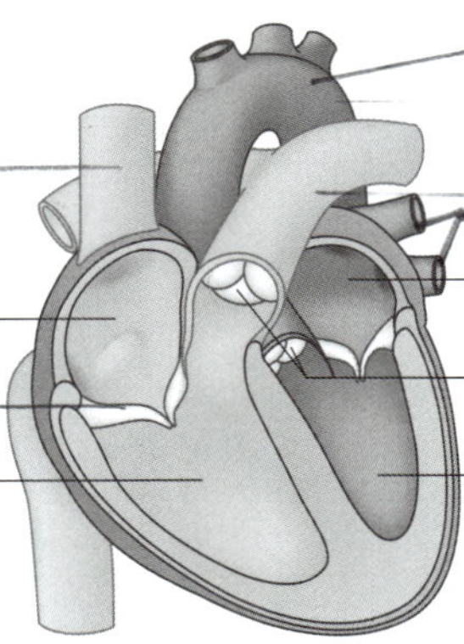

10 Körperarterie

7 Lungenvene

Körpervene 9

8 Lungenarterie

3 linker Vorhof

rechter Vorhof 1

4 Taschenklappe

Segelklappe 6

rechte Herzkammer 2

5 linke Herzkammer

 ISBN 3-89818-429-3

10. Betrachte den Bau von Arterien, Venen und Kapillaren.
Welche Funktionen haben Arterien, Venen und Kapillaren?

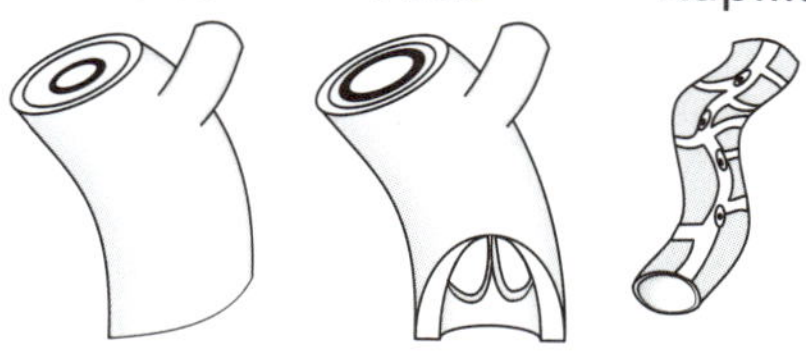

11. Bei der Blutübertragung im ABO-System wird vor allem ein Konzentrat der roten Blutzellen eines Spenders auf einen Empfänger übertragen.
Was ist bei einer Blutübertragung zu beachten? Begründe diesen Sachverhalt anhand der Abbildung.

Blutplasma der Empfänger der Blutgruppe		Konzentrat von roten Blutzellen als Spenderblut			
		rote Blutzellen der Blutgruppe			
		A haben 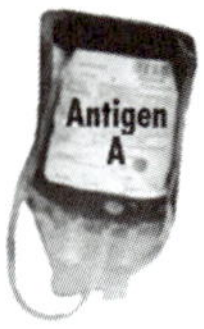	B haben 	AB haben 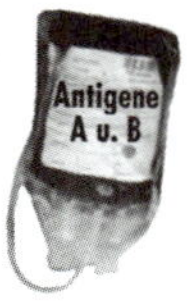	0 haben 
	A hat Antikörper B 				
	B hat Antikörper A 				
	AB hat keine Antikörper 				
	0 hat Antikörper A und B 				

• Bei einer Blutübertragung sollte immer Blut der gleichen Blutgruppe verwendet werden.
• Bei Übertragung v. Blut unverträglicher Blutgruppen verklumpen die roten Blutzellen. Die Verklumpung des Blutes wird durch die Antikörper im Blutplasma ausgelöst. Die Verklumpung des Blutes führt zum Tode des Menschen.

 ISBN 3-89818-429-3

12. Das Blut fließt in einem geschlossenen Blutkreislauf durch unseren Körper.
Beschrifte die in der Abbildung gekennzeichneten Teile des Blutkreislaufs.
Zeichne die Richtung des Blutstromes in die Abbildung ein.

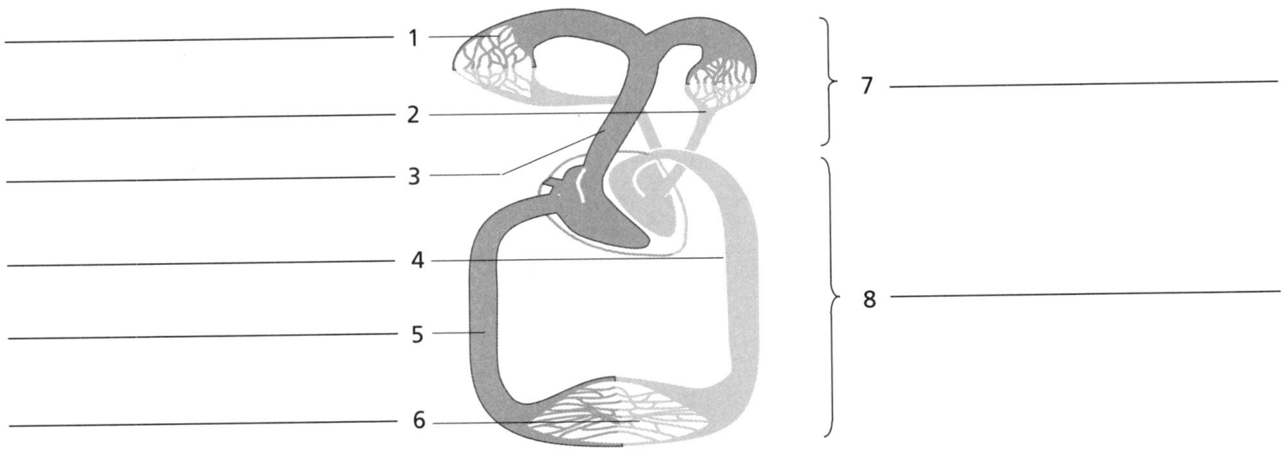

13. Die Herztätigkeit ist abhängig von körperlichen Belastungen.

a) Taste den Puls am Handgelenk und zähle die Schläge des Pulses sowie die Atemzüge pro Minute in Ruhe und nach Belastung. Trage die Ergebnisse in folgende Tabelle ein.

	bei ruhigem Sitzen	**nach langsamem Gehen**	**nach 15 Kniebeugen**
Atemzüge pro Minute			
Puls pro Minute			

b) Erkläre die unterschiedliche Anzahl der Pulsschläge und Atemzüge pro Minute.

14. Bilde aus den folgenden Silben Wörter und setze diese von 1 bis 6 ein.

blut, blut, blut, blut, e, er, gel, ger, heits, herz, kel, kon, krank, kreis, lauf, len, mus, re, ser, ße, ven, wei, zel

1 ein Tier, das Blut saugt
2 Zellen, die „Killerinstinkte" besitzen
3 ein Muskel, der eine „Druck- und Saugpumpe" zugleich ist
4 ein Röhrensystem, in dem sich eine Flüssigkeit ständig im Kreise bewegt
5 Konserviertes, das man nicht essen kann
6 verschiedene Feinde, die unsichtbar uns schaden können

1
2
3
4
5
6

 ISBN 3-89818-429-3

15. Beschrifte die Abbildung der Harnorgane.

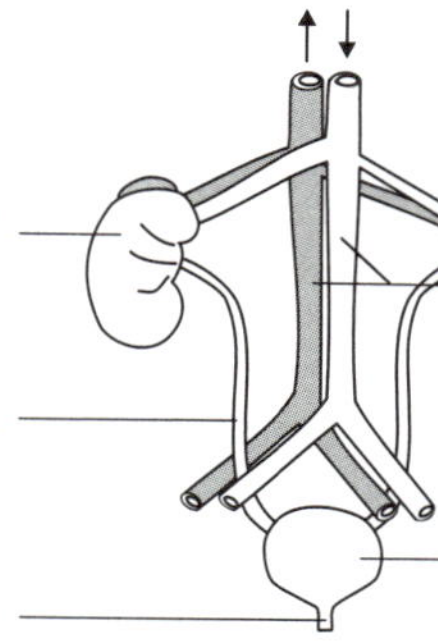

1 Nebenniere
2 Niere
3 Blutgefäße
4 Harnleiter
5 Harnblase
6 Harnröhre

16. a) Beschrifte die Abbildungen der Niere und des Nierenkörperchens.

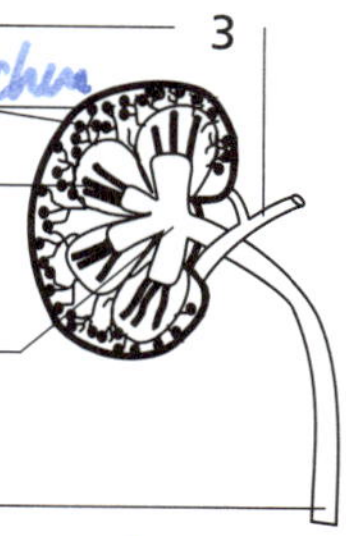

3 Nierengefäße
1 Nierenrinde mit Nierenkörperchen
2 Nierenmark mit Harnkanälchen
4 Nierenbecken
5 Harnleiter

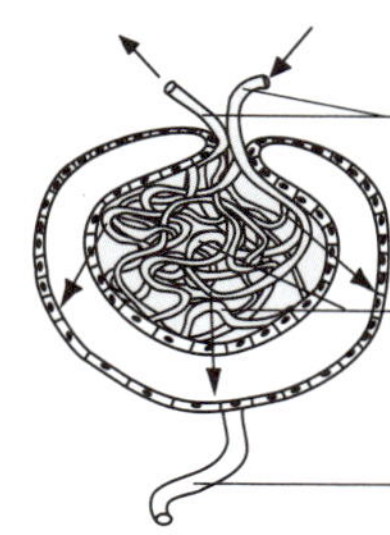

3 Blutgefäß
2 Blutkapillarknäuel
1 Harnkanälchen

b) Beschreibe die Harnbildung. Erklären d. Untersch. zw. Primärharn und Sekundärharn (Endharn).

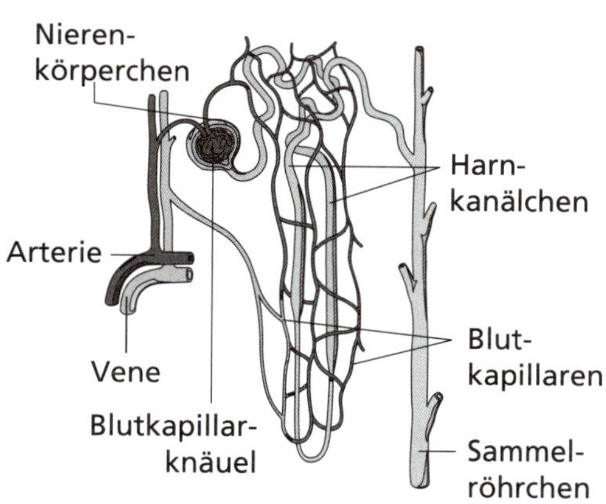

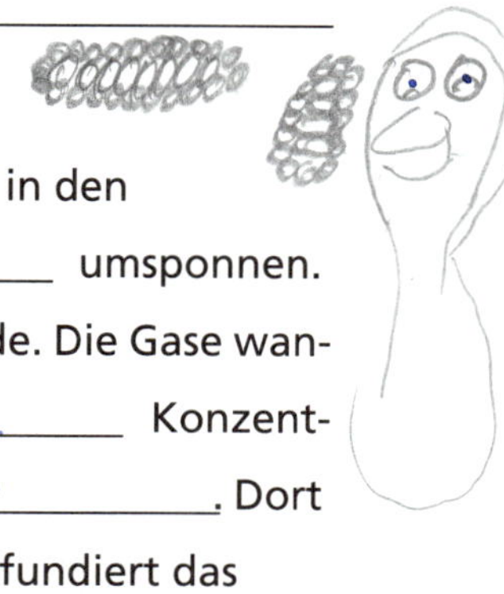

17. Ergänze den Lückentext.

Der Austausch der Atemgase Sauerstoff und Kohlenstoffdioxid findet in den Lungenbläschen statt. Diese sind von einem dichten Netz aus Kapillaren umsponnen. Dem Gasaustausch liegt ein physikalischer Vorgang, die Diffusion, zugrunde. Die Gase wandern vom Ort der hohen Konzentration zum Ort der niedrigen Konzentration. Der Sauerstoff diffundiert aus den Lungenbläschen in das Blut. Dort wird er an das Hämoglobin der roten Blutzellen gebunden. Aus dem Blut diffundiert das Kohlenstoffdioxid in das Lungenbläschen und wird ausgeatmet.

Lunge, Haut und Niere sind Organe mit Ausscheidungs- funktionen. Durch die Lungen werden Kohlenstoffdioxid und Restgase ausgeschieden. Die Nieren scheiden Harn aus, der Harnstoff, Salze und Traubenzucker enthält. Auch die Haut scheidet Harnstoff aus, aber in geringeren Menge.

 ISBN 3-89818-429-3

3. Infektionskrankheiten und Immunsystem

3.1 Infektionskrankheiten

1. Informiere dich über die Erreger folgender Infektionskrankheiten in einem Nachschlagewerk bzw. im Internet: Lungenentzündung, Malaria, Grippe, Fuß- und Nagelpilz, Röteln, Cholera, Wundstarrkrampf, Hefepilzerkrankung der Mundschleimhaut, Tuberkulose, Aids, Amöbenruhr und Kinderlähmung. Ordne die genannten Krankheiten in das Schema.

Infektionskrankheiten

durch Bakterien hervorgerufen	durch tierische Einzeller hervorgerufen	durch Pilze hervorgerufen	durch Viren hervorgerufen

2. a) Beschrifte die in der Abbildung gekennzeichneten Teile eines Bakteriums.

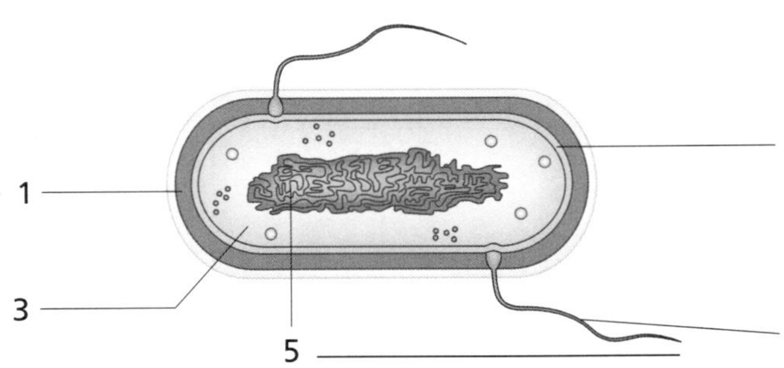

b) Beschreibe die Vermehrung der Bakterien.

 ISBN 3-89818-429-3

3. Begründe, warum Viren keine echten Lebewesen sind.

4. Die Abbildungen zeigen eine Pflanzenzelle und Zellen von Pilzfäden (Hyphen).
   a) Beschrifte die Teile beider Abbildungen. .

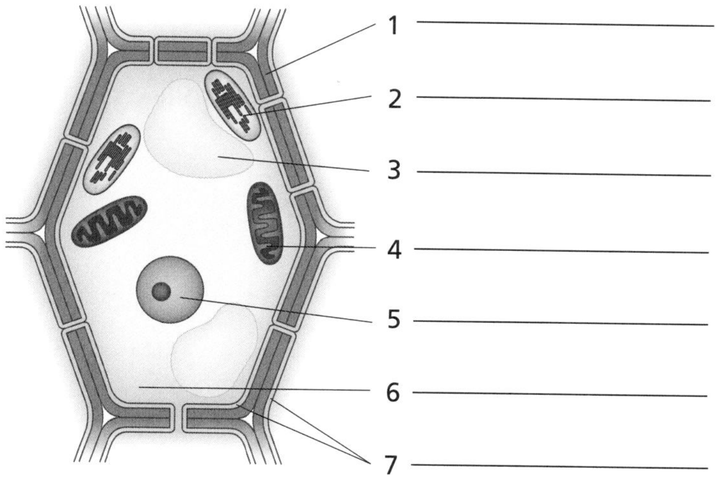

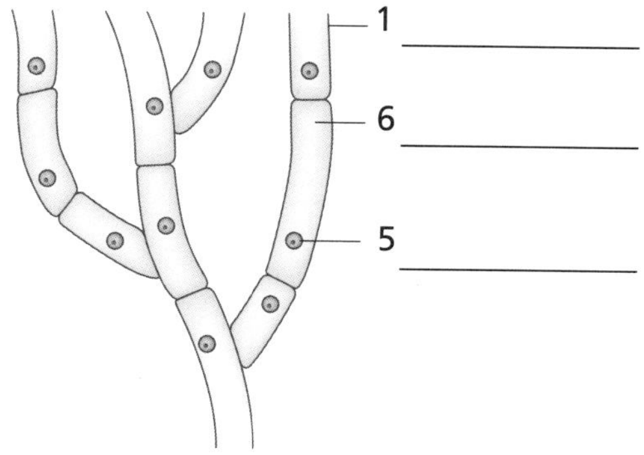

   b) Vergleiche die Pflanzenzelle mit einer Zelle aus einem Pilzfaden.

5. Löse das Rätsel. Das Lösungswort bezeichnet eine Gruppe von gefährlichen Krankheitserregern.

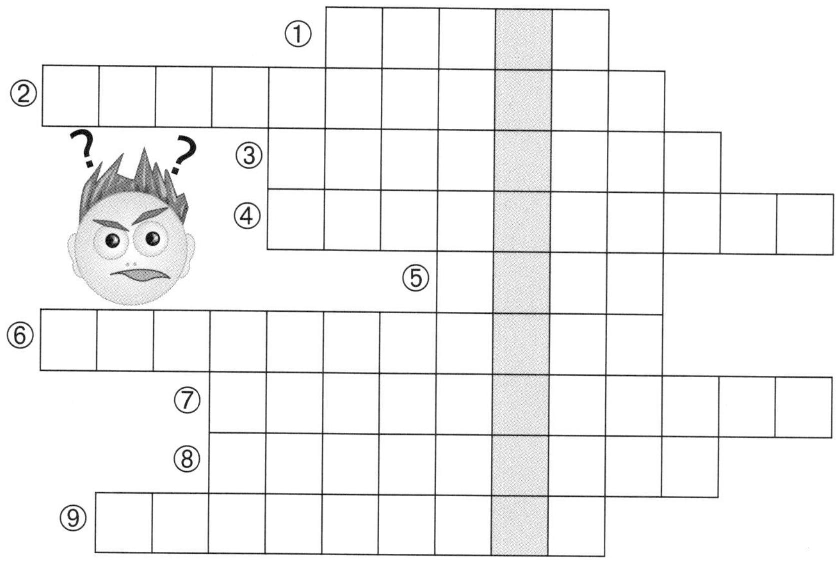

① tierischer Einzeller
② Zellbestandteil
③ Zellbestandteil
④ Infektionskrankheit des Menschen
⑤ Seuche der Vergangenheit
⑥ Zellbestandteil
⑦ Mittel gegen Erkrankungen (Mehrzahl)
⑧ einzellige Grünalge
⑨ Infektionskrankheit der Tiere

 ISBN 3-89818-429-3

6. Infektionskrankheiten werden durch lebende Erreger hervorgerufen. Nenne Möglichkeiten, wie diese Erreger übertragen werden können. Ziehe Schlussfolgerungen zur Vermeidung der Übertragung.

7. Bringe die Wortgruppen über den Verlauf einer Infektionskrankheit in die richtige Reihenfolge: Inkubationszeit, Infektion durch Bakterien oder Viren, Heilung (in den meisten Fällen), Krankheit

8. Beschreibe anhand der Abbildung den Verlauf der Infektion mit Grippe-Viren.

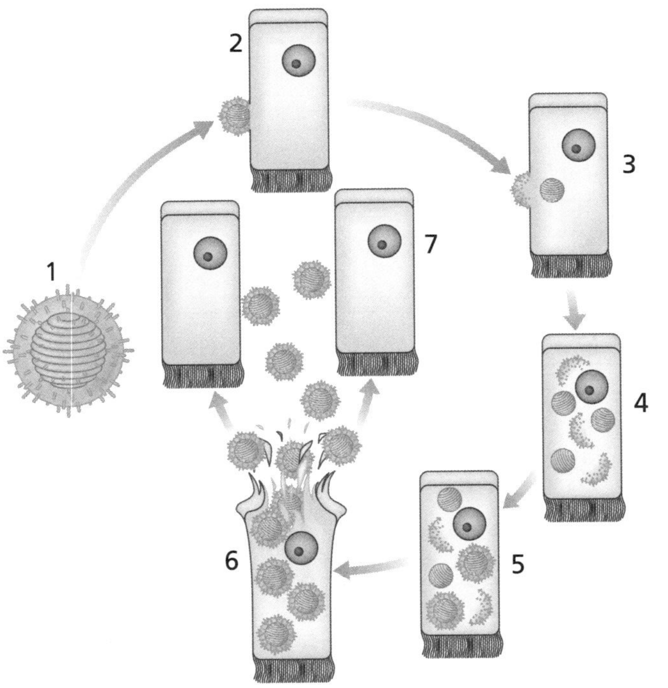

 ISBN 3-89818-429-3

3.2 Immunsystem

1. Der menschliche Körper kann eingedrungenen Krankheitserregern mit verschiedenen Abwehrreaktionen begegnen. Nenne angeborene natürliche Abwehrreaktionen.

2. Schutz vor Infektionskrankheiten geben aktive und passive Immunisierung.
   Was verstehst du unter aktiver und passiver Immunisierung? Nenne Beispiele der Anwendung.

   Aktive Immunisierung:

   Passive Immunisierung:

3. Beschreibe anhand der Abbildung den Ablauf einer Immunreaktion.

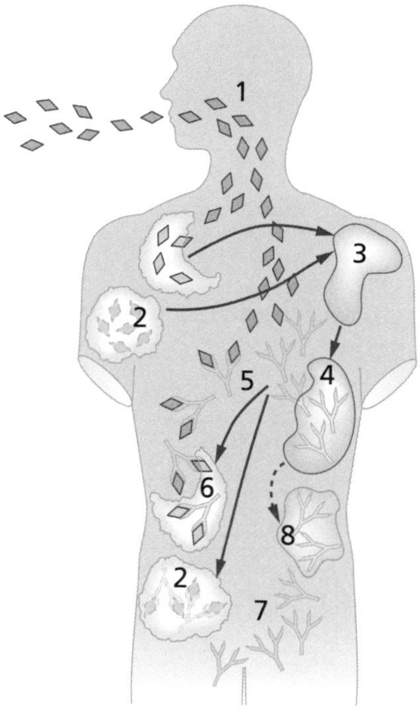

 ISBN 3-89818-429-3

4. Betrachte die Abbildungen. Beschreibe, welche Vorgänge sie veranschaulichen.

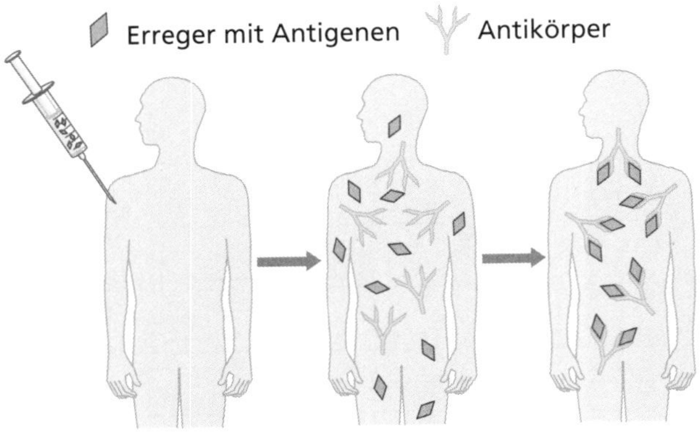

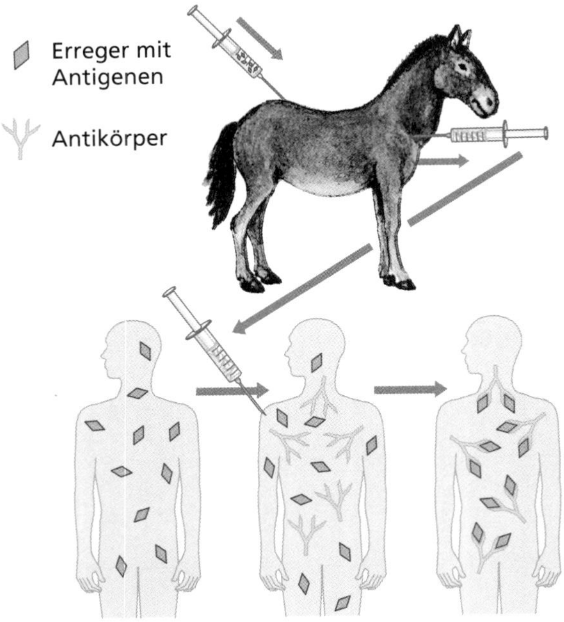

5. Informiere dich in deinem Impfkalender über die erfolgten Impfungen. Während des gesamten Lebens sollte ein ausreichender Impfschutz gewährleistet werden. Begründe.

6. Im Herbst eines jeden Jahres wird um die Teilnahme an der Grippeschutzimpfung geworben. Warum bezeichnet man diese Impfung als Schutzimpfung?

 ISBN 3-89818-429-3

4. Informationsverarbeitung beim Menschen

4.1 Informationsaufnahme

1. Benenne die in der Abbildung gekennzeichneten Teile des Auges und seiner Schutzorgane. Gib zu den Teilen des Auges je eine Funktion in Klammern dahinter an.

1 Linse
(Brechung der Licht-strahlen)

*2 Regenbogenhaut
(gibt Auge Farbe)

3 Pupille
(Regulierung Lichtmenge)

4 Hornhaut
(Schutz der inneren Teile des Auges)

5 Lederhaut
(Schutz der inneren Teile des Auges)

6 Aderhaut
(Versorgung Augenteile mit Nährst., O2+Abtransp. Stoffw.-endpr.)

7 gelber Fleck
(Stelle des schärfsten Sehens)

8 Netzhaut
(Sinneszellen → Aufnahme Lichtreize → Bildentstehung)
( )

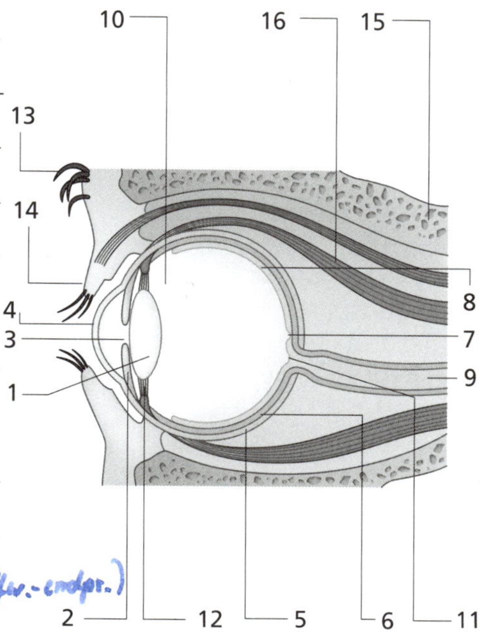

9 Sehnerv
(gibt Informationen an Gehirn weiter)

10 Glaskörper
(hält Auge in Form)

11 blinder Fleck
(keine Lichtsinneszellen → kein Bild entsteht)

12 Ziliarkörper
(Wölbung und Abflachung der Linse)

13 Augenbrauen
(Schutz d. Auges vor Fremdkörpern)

14 Augenlid mit Wimpern
(Schutz vor Fremdkörpern)

15 Schädelknochen
(Schutz des Auges)

16 Augenmuskeln
(Bewegung des Auges)

* Muskeln Kontraktion und Erweiterung Pupille → unters. Menge Licht

2. Beschreibe die Entstehung eines Bildes auf der Netzhaut.

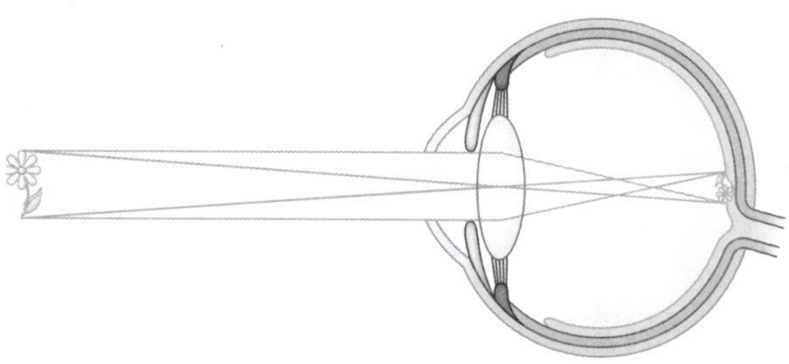

- einfallendes Licht wird von Hornhaut, Linse u. Glaskörper gebrochen → erreicht Netzhaut → Entstehung eines verkleinerten, umgekehrten reellen Bild des betrachteten Gegenstandes
- Sehnerv → zum Gehirn gelangte Erregungen „verarbeitet" → Sehen d. betrachteten Gegenstandes

3. Definiere den Begriff Reizbarkeit.

 ISBN 3-89818-429-3

4. Ergänze die Funktionen beim Sehvorgang von unten nach oben.

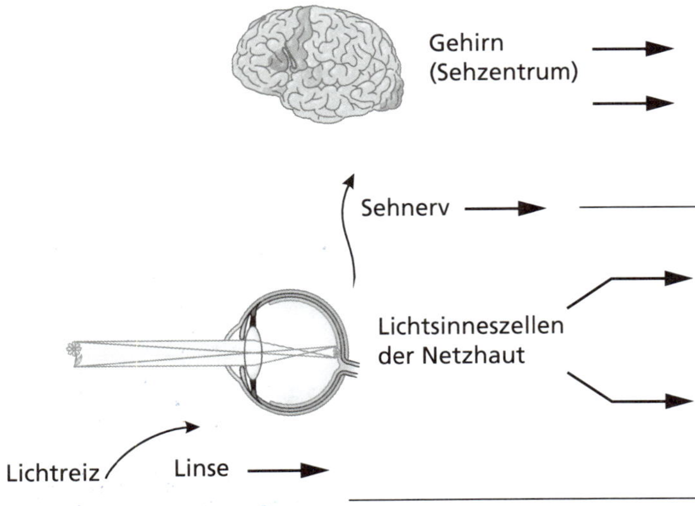

5. Wir können nahe und entfernte Gegenstände nicht gleichzeitig erkennen.
Betrachte abwechselnd den Bleistift und den Hintergrund des Bleistiftes in der Nähe und in der Ferne.
Beschreibe deine Beobachtungen. Begründe deine Aussage mithilfe der Abbildungen.

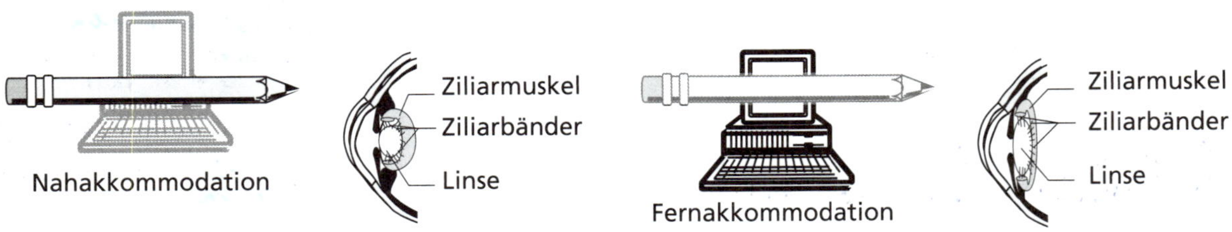

Betrachten wir ferne Gegenstände, fällt das Licht fast parallel auf die Linse. Die Ziliarmuskeln sind entspannt, die Ziliarbänder werden dadurch gedehnt und so wird die Linse abgeflacht. Dadurch sinkt ihre Brechkraft und man sieht entfernte Gegenstände schärfer. Beim Betrachten von nahen Gegenständen wird das Licht durch die Linse stark gebrochen, die Ziliarkörper kontrahieren, wodurch sich Ziliarbänder entspannen und Linsen stärker krümmen. Dadurch steigt die Brechkraft und man sieht nahe Gegenstände schärfer.

6. Begründe anhand der Abbildung die unterschiedliche Weite der Pupille.

- Erweiterung d. Pupille, Kontraktion d. strahlenf. angeordneten Ringmuskeln → Menge d. einf. Lichts erhöht

- Kontraktion d. Muskeln d. Regenbogenschleimhaut → Verengung Pupille → Menge d. einfallenden Lichts kleiner

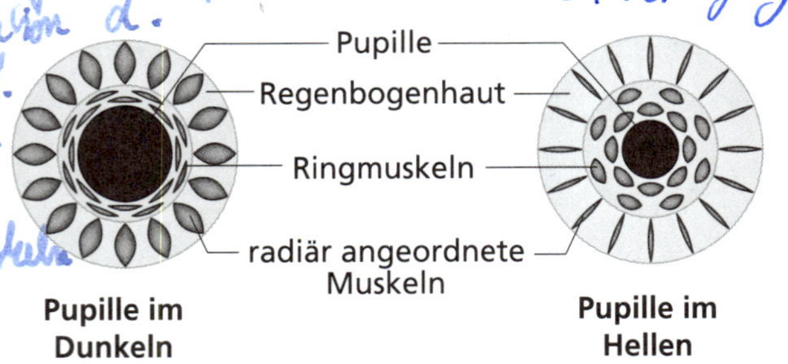

Wenn die Ringmuskeln der Regenbogenhaut kontrahieren, dann verkleinert sich die Pupille und die Menge d. einfallenden Lichts wird verringert. Wenn die Ringmuskeln der Regenbogenhaut sich ausdehnen, dann vergrößert sich die Fläche der Pupille und dadurch auch die Menge d. einfallenden Lichtes

 ISBN 3-89818-429-3

7. Der Kurzsichtige sieht in der Nähe gut, in der Ferne verschwommen. Begründe diese Erscheinung. Warum braucht er Brillen mit Zerstreuungslinsen?

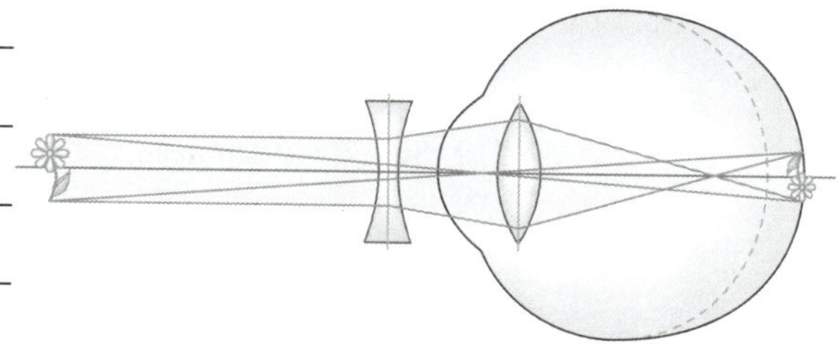

8. Benenne die in der Abbildung gekennzeichneten Teile des Ohres. Gib zu den Teilen des Ohres die Funktionen in Klammern dahinter an.

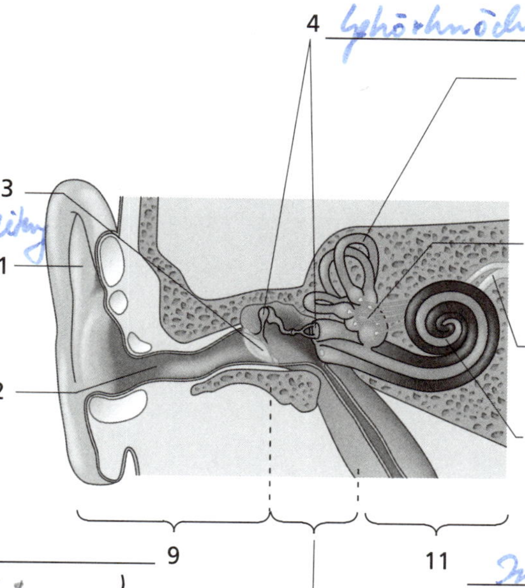

1 Ohrmuschel (Schalltrichter → leitet Schallwellen in Gehörgang)
2 Gehörgang (Schallleitung) (Übertragung der Schwingung)
3 Trommelfell (Übertragung der Schwingungen → Schallleitung)
4 Gehörknöchel (Übertragung der Schwingungen)
5 Bogengänge (Veränderung Körperbewegung) LB. S.
6 Vorhof (Druckausgleich zu Mittelohr u. Rachenhöhle)
7 Hörnerv (Weiterleitung von Erregungen an Gehirn)
8 Gehörschnecke (Hörsinnesorgan) Entstehung Erregungen, darin Hörsinneszellen
9 Außenohr (Schallaufnahme + Weiterleitung)
10 Mittelohr (Schallverstärkung und Schallleitung)
11 Innenohr (Reizaufnahme + Weiterleitung an Gehirn)

9. Ergänze die Funktionen beim Hörvorgang. Beginne rechts unten.

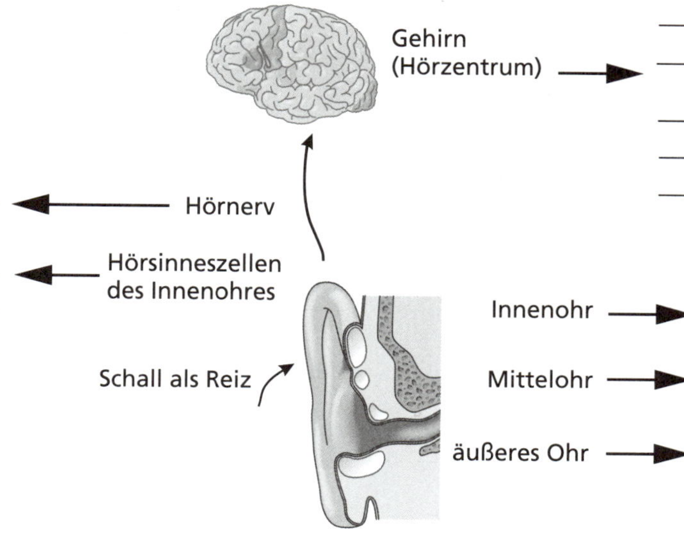

 ISBN 3-89818-429-3

10. Die Haut ist ein Sinnesorgan. Begründe diese Aussage anhand der Abbildung.

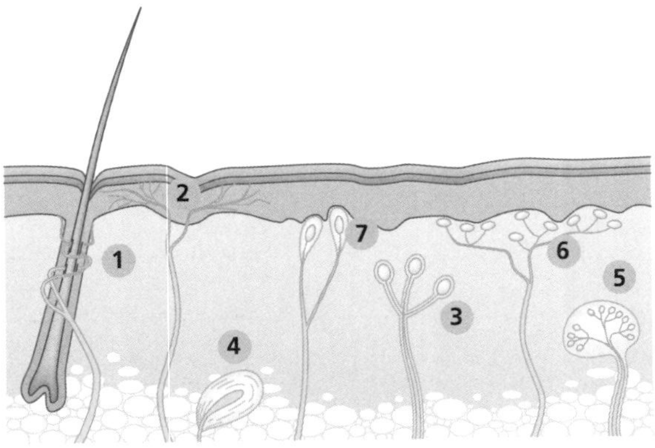

1 Nervenfortsätze am Haar
2 freie Nervenendigungen
3 Kälterezeptoren
4 Lamellenkörperchen
5 Wärmerezeptoren
6 Tastscheiben
7 Tastkörperchen

11. Weise Druckpunkte in der Haut nach und vergleiche ihre Dichte an verschiedenen Körperstellen.

Materialien:
Objekte: Mitschüler
Geräte: Filzstift (oder Fettstift), Lineal mit Zentimetereinteilung, Augenbinde, Tastborste (an ein Holzstäbchen wird rechtwinklig zu seiner Achse ein Stück einer Schweineborste mit Wachs angeklebt)

Durchführung und Beobachtung:

1. Auf der Haut deines Nachbarn wird an verschiedenen Körperstellen, z. B. Handrücken, Oberarm, Unterarm, eine Fläche von etwa 1 cm^2 mit dem Filzstift abgegrenzt. Die gleiche Fläche wird auf dem Millimeterpapier umgrenzt.
2. Verbinde deinem Nachbarn die Augen.
3. Ermittle die Anzahl der Druckpunkte an verschiedenen Körperstellen, indem du jeweils die gesamte Fläche (1 cm^2) durch Berühren mit einer Tastborste absuchst. Dein Nachbar soll angeben, wenn er einen Berührungsreiz empfindet. Zeichne jeden Druckpunkt mit Filzstift in das jeweilige Kästchen auf dem Millimeterpapier.
4. Stelle die Ergebnisse in der Tabelle zusammen.

Körperstellen		Anzahl der erkundeten Berührungsreize (Druckpunkte) pro 1 cm^2
Handrücken		
Oberarm außen		
Unterarm innen		

Auswertung:

 ISBN 3-89818-429-3

4.2 Informationsverarbeitung im Zentralnervensystem

1. Sinnesorgane und Nerven wirken eng zusammen.
   In dem Kreuzworträtsel sind 5 Sinnesorgane versteckt.
   Finde sie und ordne ihnen entsprechende Reize und Nerven zu.

A	Y	B	A	F	J	V	L	A	K
Q	F	H	W	G	C	X	N	W	U
B	D	I	B	O	X	C	M	T	I
G	P	H	Z	H	A	U	T	O	N
C	J	A	A	R	B	Y	D	H	A
Q	D	U	I	V	E	G	J	S	S
K	M	G	C	F	Z	U	N	G	E
R	O	E	K	M	O	P	E	Z	N
N	E	S	R	L	T	L	P	Q	U

1 __________

2 __________

3 __________

4 __________

5 __________

2. Der Mensch besitzt ein Zentralnervensystem.
   Beschrifte die Abbildungen.

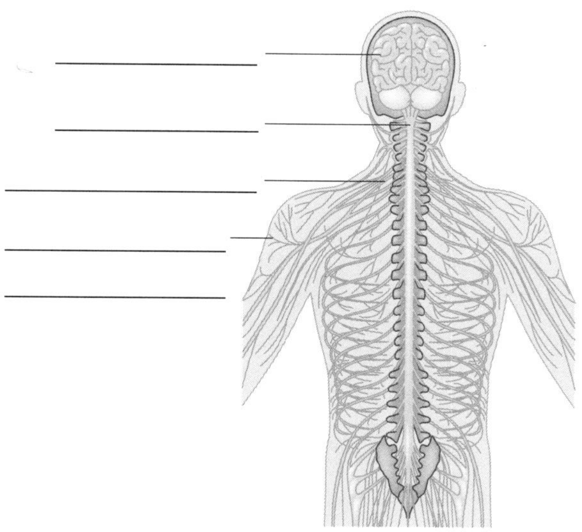

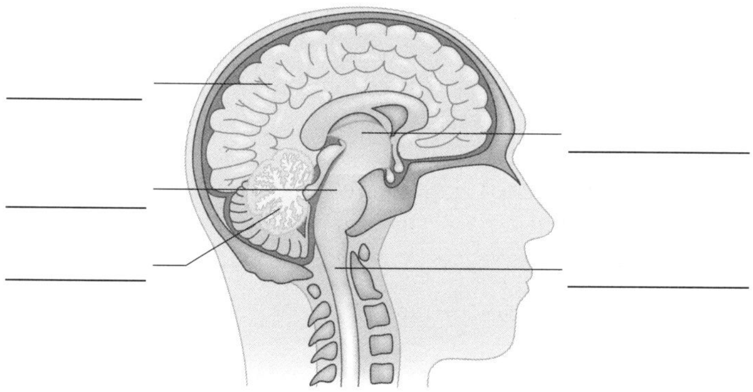

3. Benenne die Teile einer Nervenzelle.

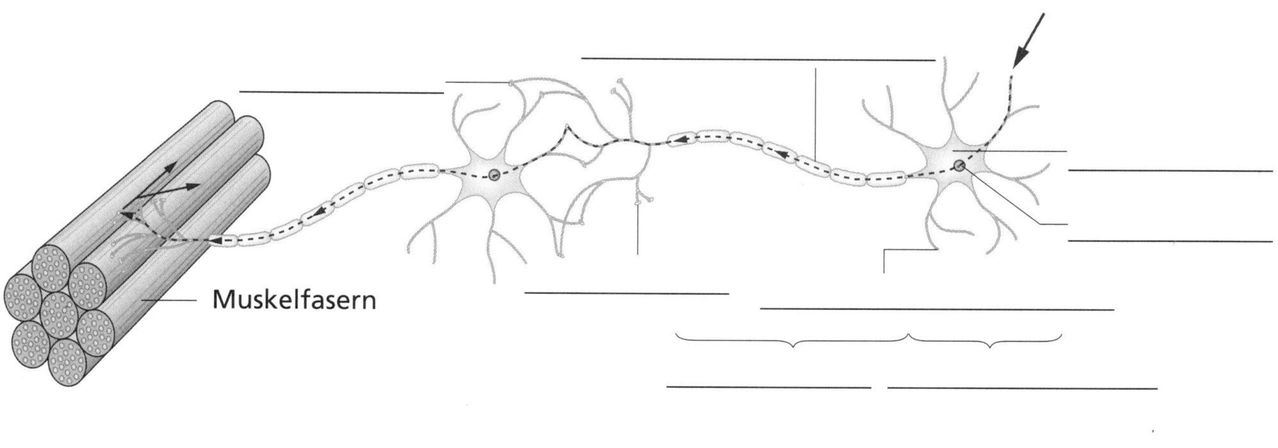

 ISBN 3-89818-429-3

4. Ordne den mit Ziffern gekennzeichneten Teilen einer Reiz-Reaktionskette folgende Bezeichnungen zu: Rückenmark/Gehirn (Reflexzentrum), Sinneszelle (Rezeptor), Bewegungsnerv (motorischer Nerv), Erfolgsorgan (Effektor), Empfindungsnerv (sensibler Nerv).

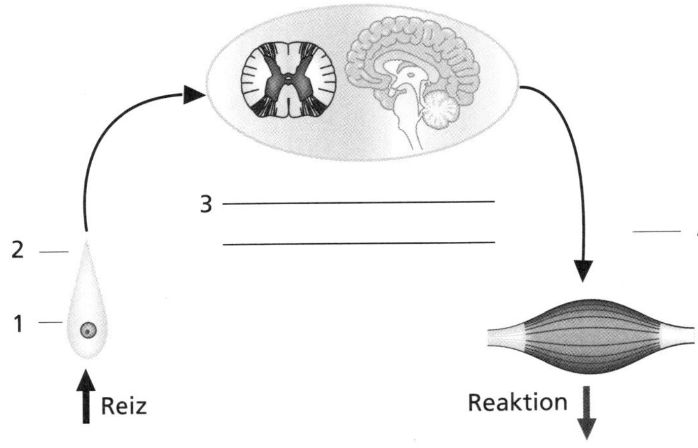

5. Beschreibe anhand der Abbildung den angeborenen (unbedingten) Speichelreflex.

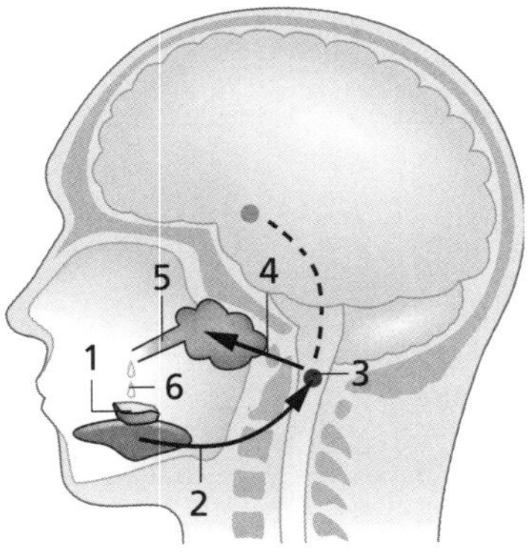

6. Ergänze den folgenden Lückentext.

Mit den ________ und ________ nimmt der Mensch Reize aus der Umwelt und dem Inneren des Körpers auf. ________ leiten die Erregungen zum Gehirn bzw. Rückenmark. Beide Teile des Nervensystems sind wichtige ________. Von ihnen leiten ________ die Erregungen weiter bis zu den ________. Sie führen die bestimmte ________ aus. So ist eine ________ Kette entstanden.

Bei den Reaktionsabläufen unterscheidet man ________ und ________.

Aufgrund der ________ kann der Mensch Informationen im Gehirn speichern und ________.

 ISBN 3-89818-429-3

7. Beschreibe anhand der Abbildungen die Ausbildung eines erworbenen (bedingten) Speichelreflexes.

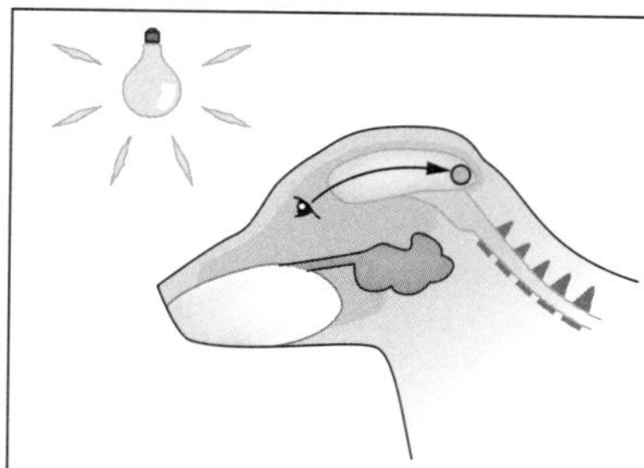	

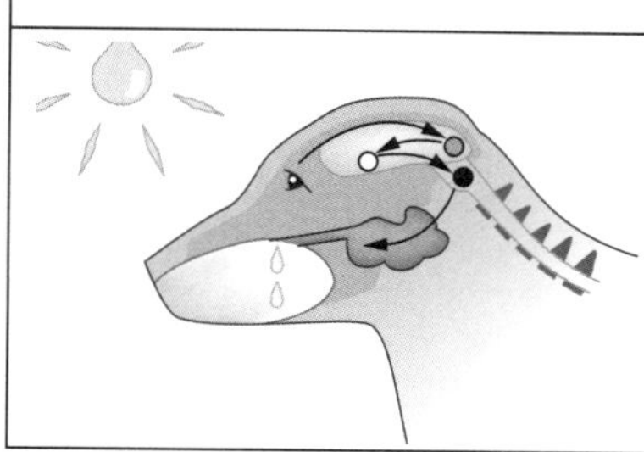	

8. Löse das Kreuzworträtsel. Bei richtiger Eintragung der geforderten Wörter erhältst du das Lösungswort. Es ist ein wichtiger Bestandteil unseres Nervensystems.

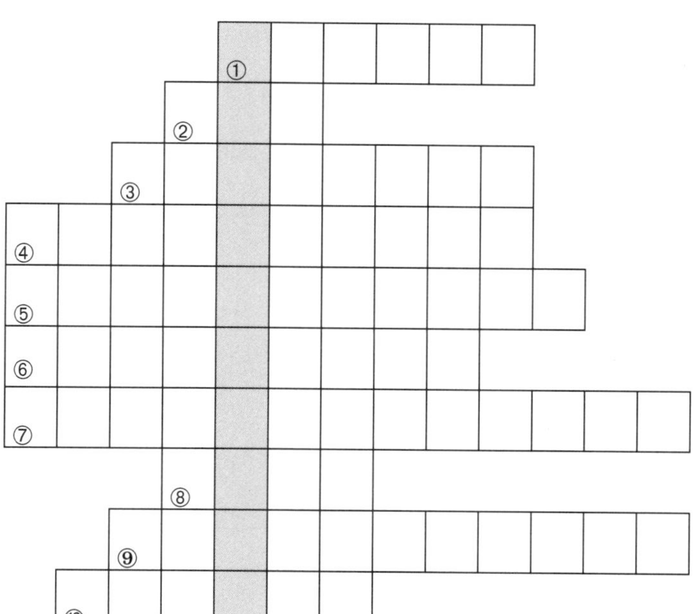

① unbewusste Reaktion auf einen Reiz
② Geschmacksempfindung
③ Gehirnabschnitt
④ Teil des Auges
⑤ Teil des Skeletts
⑥ Gehirnabschnitt
⑦ Anpassung des Auges
⑧ Sinnesorgan
⑨ kleinster Bestandteil des Nervensystems
⑩ Effektor

b) Welche Bedeutung hat dieser Bestandteil?

____

____

____

____

____

____

 ISBN 3-89818-429-3

9. Die Abbildung veranschaulicht die Entstehung der Abhängigkeit von Drogen. Beschreibe die Stationen dieses „Teufelskreises“.

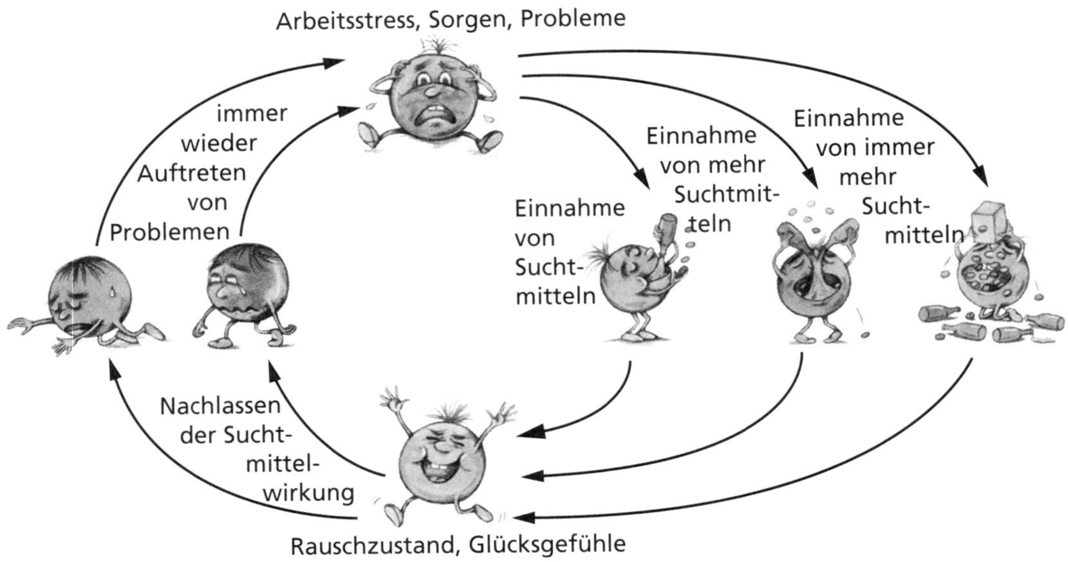

10. Drogen und Genussmittel gefährden die Gesundheit des Menschen. Vervollständige die Tabelle. Informiere dich auch im Internet.

	Alkohol	Nikotin	Haschisch	Heroin
Aufnahme in den Körper				
Wirkungen im Körper (Beispiele)				
Gefahren für die Gesundheit				

 ISBN 3-89818-429-3

4.3 Regelung von Lebensprozessen durch Hormone

1. Im menschlichen Körper gibt es verschiedene Hormondrüsen.
   Beschrifte die in den Abbildungen vorhandenen Hormondrüsen und gib in Klammern dahinter die von ihnen gebildeten Hormone an.

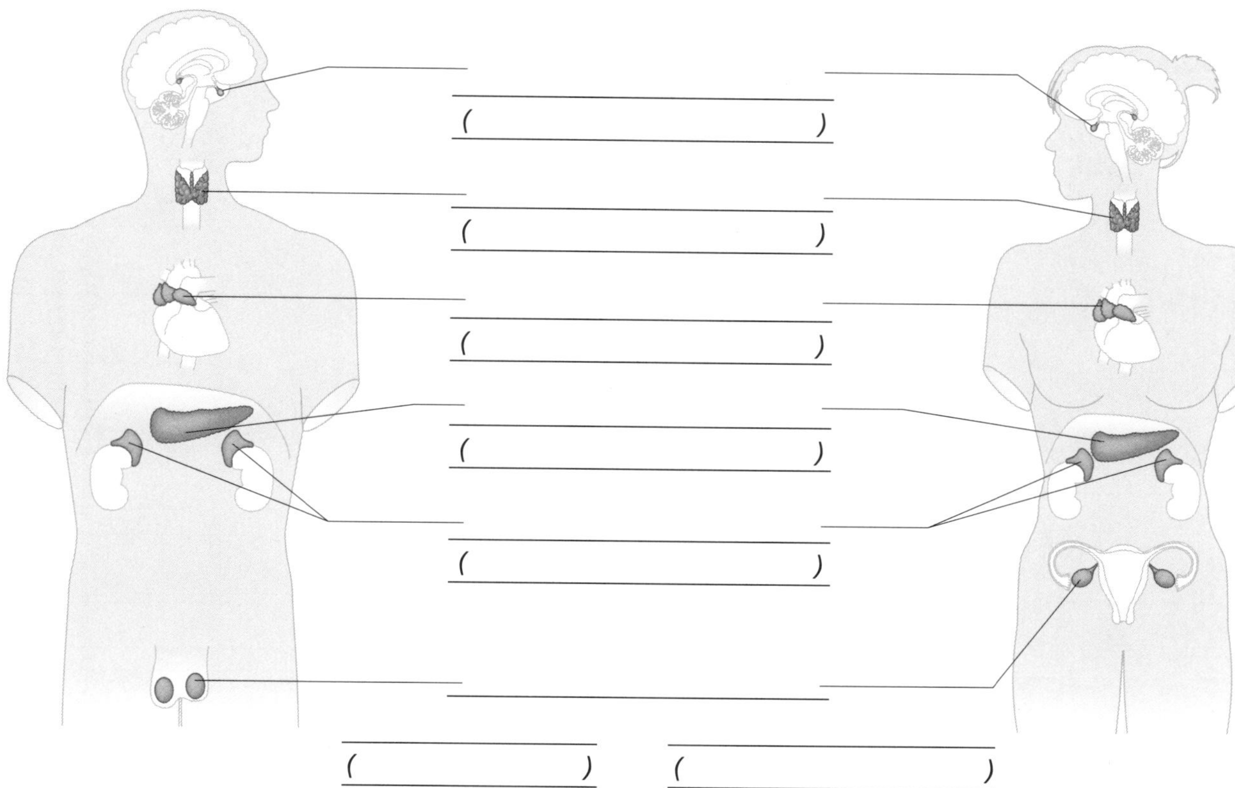

2. Hormone regulieren den Blutzuckerspiegel. Vervollständige die Darstellung.

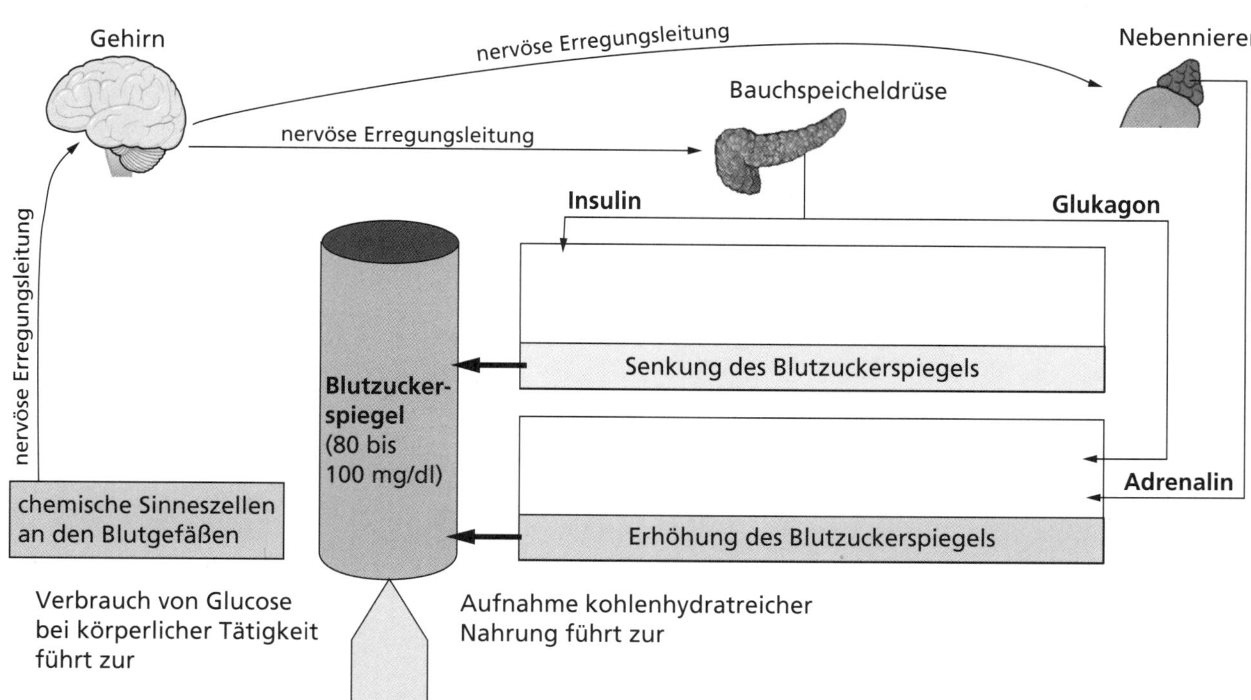

 ISBN 3-89818-429-3

5. Entwicklung und Sexualität beim Menschen

1. Im Alter von 10 bis 13 Jahren, mit Beginn der Pubertät, zeigen sich in der Entwicklung von Mädchen und Jungen deutliche Unterschiede. Diese Unterschiede werden als sekundäre Geschlechtsmerkmale bezeichnet. Trage in die Tabelle sekundäre Geschlechtsmerkmale ein.

Mädchen/Frau	Junge/Mann
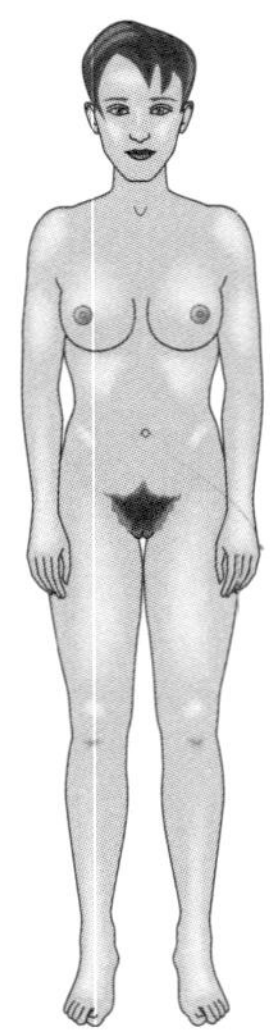	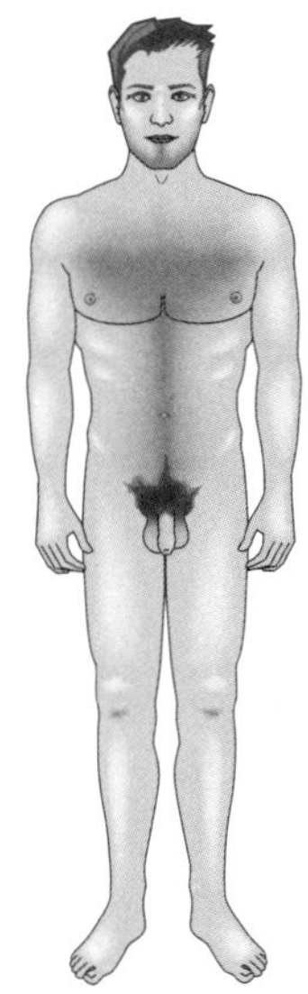

2. Die Pubertät ist für Mädchen und Jungen eine erlebnisreiche Zeit des Suchens, Probierens und Erfahrungsammelns. Beschreibe einige Gefühle und Verhaltensweisen der Jugendlichen.

- Stimmungsschwankungen
- genervt von Eltern/Erwachsenen
- Ablehnen von Pflichten
- Vieles Ausprobieren
- andere Interessen
- Auffallen
- andere Sprache

- Selbstbewusstsein / Eigenverantwortung
- gegenseitig gefallen / Jungs imponieren, übermütig

 ISBN 3-89818-429-3

3. Nach Eintritt der Geschlechtsreife treten im weiblichen Organismus in regelmäßigem Abstand Blutungen auf. Die regelmäßige Aufeinanderfolge von Blutungen bezeichnet man als Menstruationszyklus.

   a) Beschrifte die Abbildung. Verwende dazu folgende Begriffe: neuer Follikel, Menstruation, Gelbkörperbildung und -rückbildung, Wachstumsphase, Eizellentod, Sekretionsphase, Follikelreifung, Menstruation.

5: Follikelreifung
6: Gelbkörperbildung- und -rückbildung

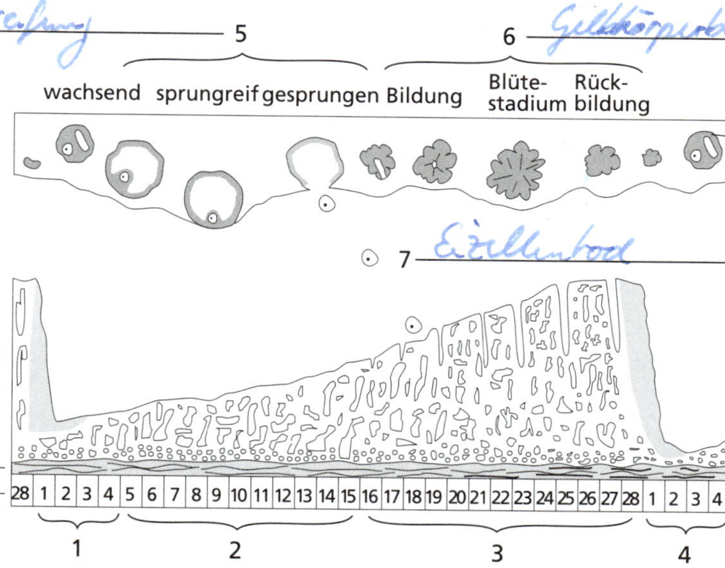

8: neuer Follikel
7: Eizellentod

1: Menstruation
2: Wachstumsphase / 3: Sekretionsphase / 4: Menstruation

   b) Beschreibe anhand der oberen und der folgenden Abbildungen den Ablauf des Menstruationszyklus.

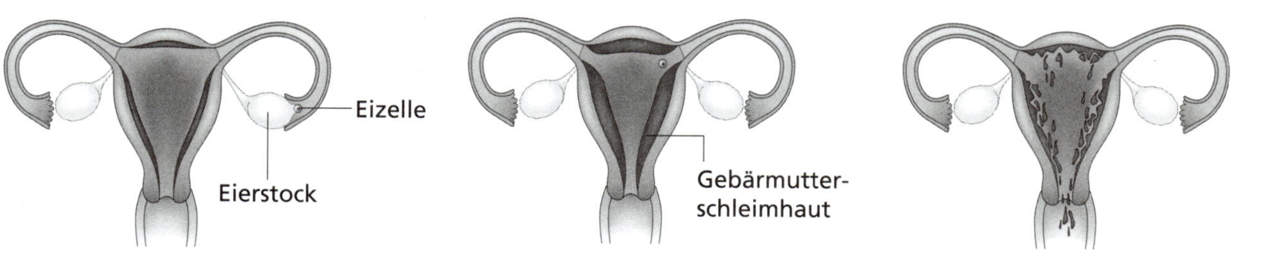

- Ablösen und Ausstoßen der Gebärmutterschleimhaut mit Blut aus der Scheide (1.–4. Tag) → Follikel reift heran (1.–13. Tag) und die Gebärmutterschleimhaut wächst (5.–15. Tag) → Follikelsprung (befruchtungsfähige Eizelle wird in den Eileiter abgegeben (14.–16. Tag) und Drüsen der Gebärmutterschleimhaut geben Sekret ab für die Einnistung der befruchteten Eizelle (16.–28. Tag) → Im Eierstock wird der Gelbkörper gebildet. Wird die Eizelle im Eileiter nicht befruchtet (Eizelle ca. 12–18 h nach Eisprung befruchtungsfähig), stirbt sie ab. → Der Gelbkörper wird rückgebildet, die Gebärmutterschleimhaut zerfällt wieder und am 28. Tag Regelblutung (Menstruation).

 ISBN 3-89818-429-3

Befruchtung: bezeichnet einen Vorgang im Eileiter, bei dem der Zellkern der Samenzelle mit dem Zellkern der Eizelle verschmilzt.

4. Die Abbildung stellt den Beginn der Schwangerschaft schematisch dar. Beschrifte die Abbildung.

Follikelreifung 5 — 6 Gelbkörperbildung

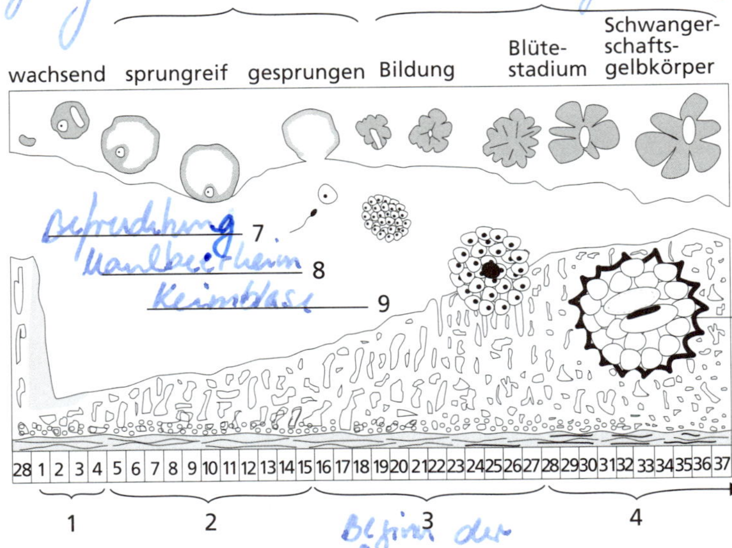

1 Menstruation — 2 Wachstumsphase — 3 Beginn der Schwangerschaft — 4 Schwangerschaft

5. Beschreibe den abgebildeten Vorgang.

nach Befruchtung der Eizelle durch eine Samenzelle

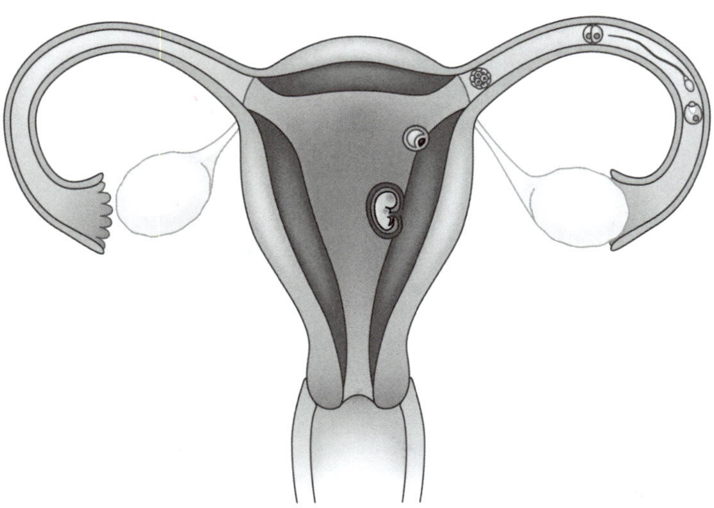

Im Eierstock reift zuerst ein Follikel heran. Beim Follikelsprung platzt die Eizelle aus dem Follikelbläschen heraus. Das Bläschen bildet sich zu einem Gelbkörper um, welcher das Gelbkörperhormon zur Vorbereitung auf die Schwangerschaft produziert. Nach im Eileiter teilt sich die befruchtete Eizelle weiter. Nun wird sie als Maulbeerkeim bezeichnet. Aus dem Maulbeerkeim entsteht durch Zellteilung und Wachstum die Keimblase. Diese beginnt sich in der Gebärmutterschleimhaut einzunisten. Die Schwangerschaft beginnt nun. Mit dem einnisten des Keims gilt die Frau als schwanger.

 ISBN 3-89818-429-3

6. Das Kind liegt geschützt im Mutterleib.
Beschrifte die Abbildung. Gib für jeden Teil eine Funktion in Klammern dahinter an.

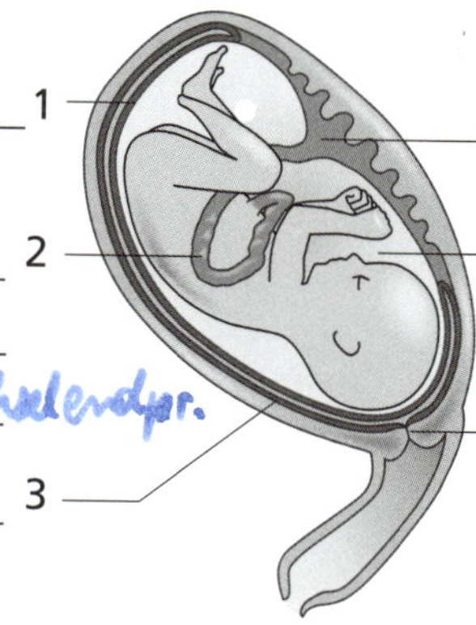

1 Fruchthülle (Schutz)
2 Nabelschnur: Versorgung mit Nährstoffen und Sauerstoff, Abtransport Stoffwechselendpr.
3 Gebärmutterschleimhaut (Schutz)
4 Mutterkuchen (Ernährung)
5 Fruchthöhle mit Fruchtwasser (Schutz)
6 Gebärmuttermund (Geburtsöffnung)

7. Die Geburt verläuft in drei Phasen. Beschreibe anhand der Abbildungen den Geburtsverlauf.

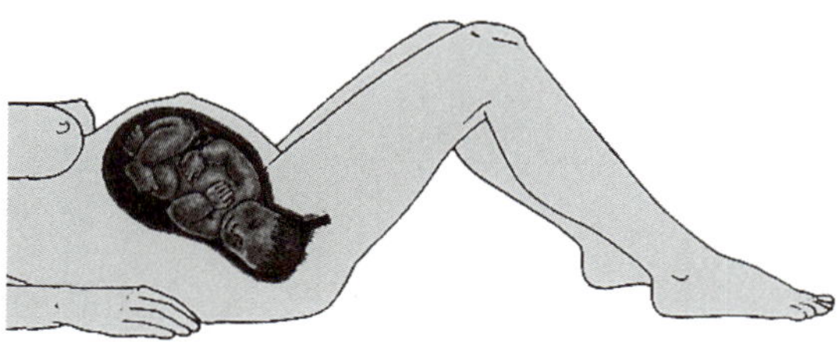

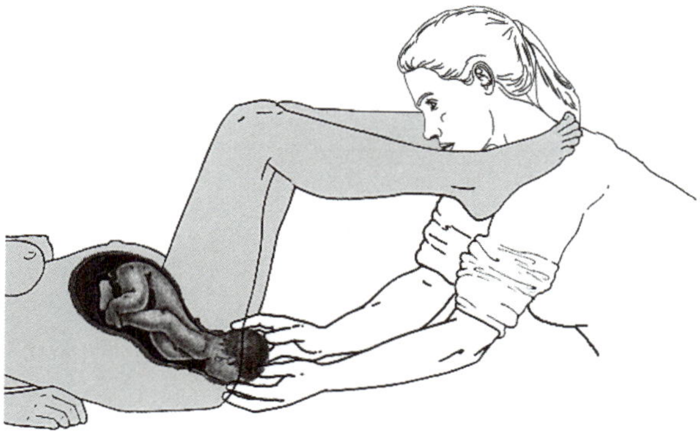

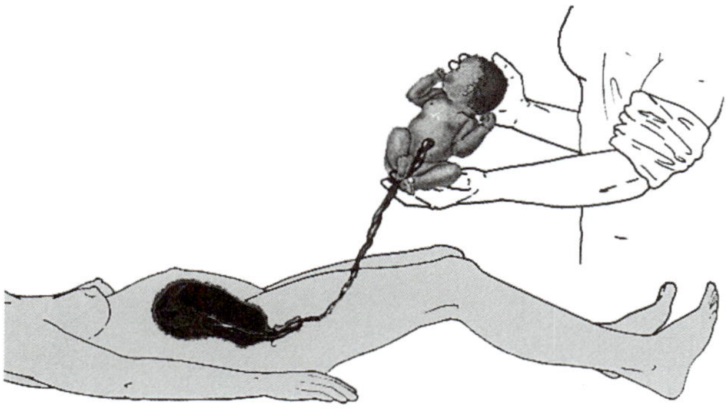

Phase 1: Eröffnungsphase
Eröffnungsphase: Wehen bereiten Gebärmutterkanal auf Geburt vor -> Öffnung Gebärmuttermund, -> Fruchtblase in Richtung Scheide gedrückt => platzt

Phase 2: Austreibungsphase
-> Geburt durch kräftige Wehen, Mutter presst mit
- Hebamme + Arzt => Geburtshilfe
- Kopf zuerst

Phase 3: Nachgeburtsphase
- nach 1-2 St. löst sich Mutterkuchen von Gebärmutterwand
- Mutterkuchen + Nabelschnur + Fruchthülle = Nachgeburt
x Abtrennung Nabelschnur

 ISBN 3-89818-429-3

8. Beide Partner sind verantwortlich für die sichere Empfängnisverhütung, d. h. für die Bereitschaft, die zur Verfügung stehenden Mittel auch anzuwenden.
Ergänze die Tabelle über die Schwangerschaftsverhütung.

Verhütungsmethoden	Wirkungsweise
mechanisch 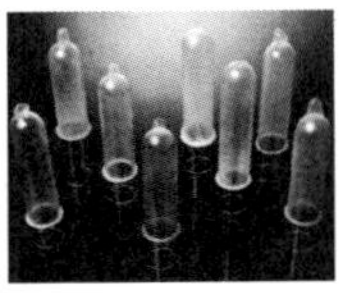 Kondome	
Pessare 	
mechanisch und chemisch Spirale, Schleife 	
chemisch  Nona-Gel	
Pille 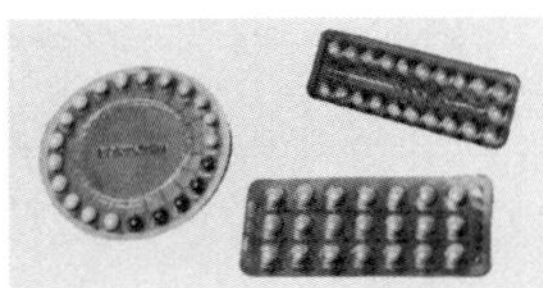	
weitere Methoden z. B. Sterilisation	
Kalendermethode	
Basaltemperaturmethode	
vorzeitiger Abbruch beim Geschlechtsverkehr	

9. Ergänze den Lückentext.

Im Eileiter findet die __________ der Eizelle statt. Aus der __________ entwickelt sich in der Gebärmutter der __________ (__________). Er wird während der Schwangerschaft über den __________ und die __________ mit Sauerstoff und Nahrung versorgt.

Die Entwicklung der befruchteten Eizelle bis zum geburtsreifen Kind bezeichnet man als

__________.

 ISBN 3-89818-429-3

10. In den letzten Jahren breitet sich die Infektionskrankheit Aids seuchenhaft aus.

a) Warum ist diese Krankheit so lebensgefährlich?

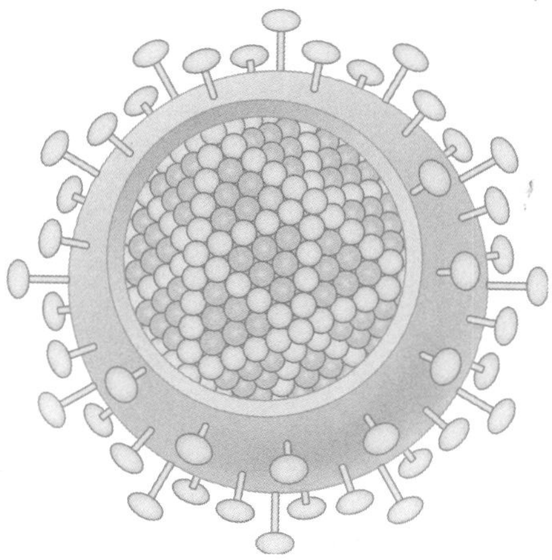

b) Nenne Möglichkeiten, wie man sich vor einer Aids-Infektion vorbeugend schützen kann.

11. Kreuze an, welche der folgenden Vorgänge zur Infektion mit HIV führen können.

		ja	nein			ja	nein
1.	Händedruck, Umarmung	☐	☒	9.	Zungenküsse bei intakter Mundschleimhaut	☐	☒
2.	Wangenkuss	☐	☒	10.	gemeinsamer Schwimmbadbesuch	☐	☒
3.	gemeinsames Benutzen von Geschirr	☐	☒	11.	Sexualkontakte, z.B. ungeschützter Geschlechtsverkehr	☒	☐
4.	Austausch von Wäsche und Kleidung	☐	☒	12.	gemeinsames Benutzen von Injektionsnadeln beim Fixen	☒	☐
5.	Insektenstiche	☒	☐	13.	Zusammenleben mit HIV-Infizierten oder Aids-Kranken	☐	☒
6.	von der Mutter zum Kind (im Mutterleib, bei der Geburt, beim Stillen)	☒	☐	14.	mit einem HIV-infizierten Kind zusammen spielen	☐	☒
7.	gemeinsames Benutzen von Toiletten und Waschräumen	☐	☒	15.	gemeinsamer Schulbesuch	☐	☒
8.	Anniesen, Anhusten oder Anspucken	☐	☒	16.	Blutübertragung	☒	☐

 ISBN 3-89818-429-3

6. Zusammenwirken der Organe und Organsysteme

1. Bei der Ausführung von Stoffwechselvorgängen wirken mehrere Organe bzw. Organsysteme zusammen.
   a) Benenne die Vorgänge (A, B, C, D).
   b) Ergänze die Funktionen der Zelle und der Organsysteme.
   c) Nenne die Bestandteile von Harn, Schweiß und von der Ausatmungsluft.

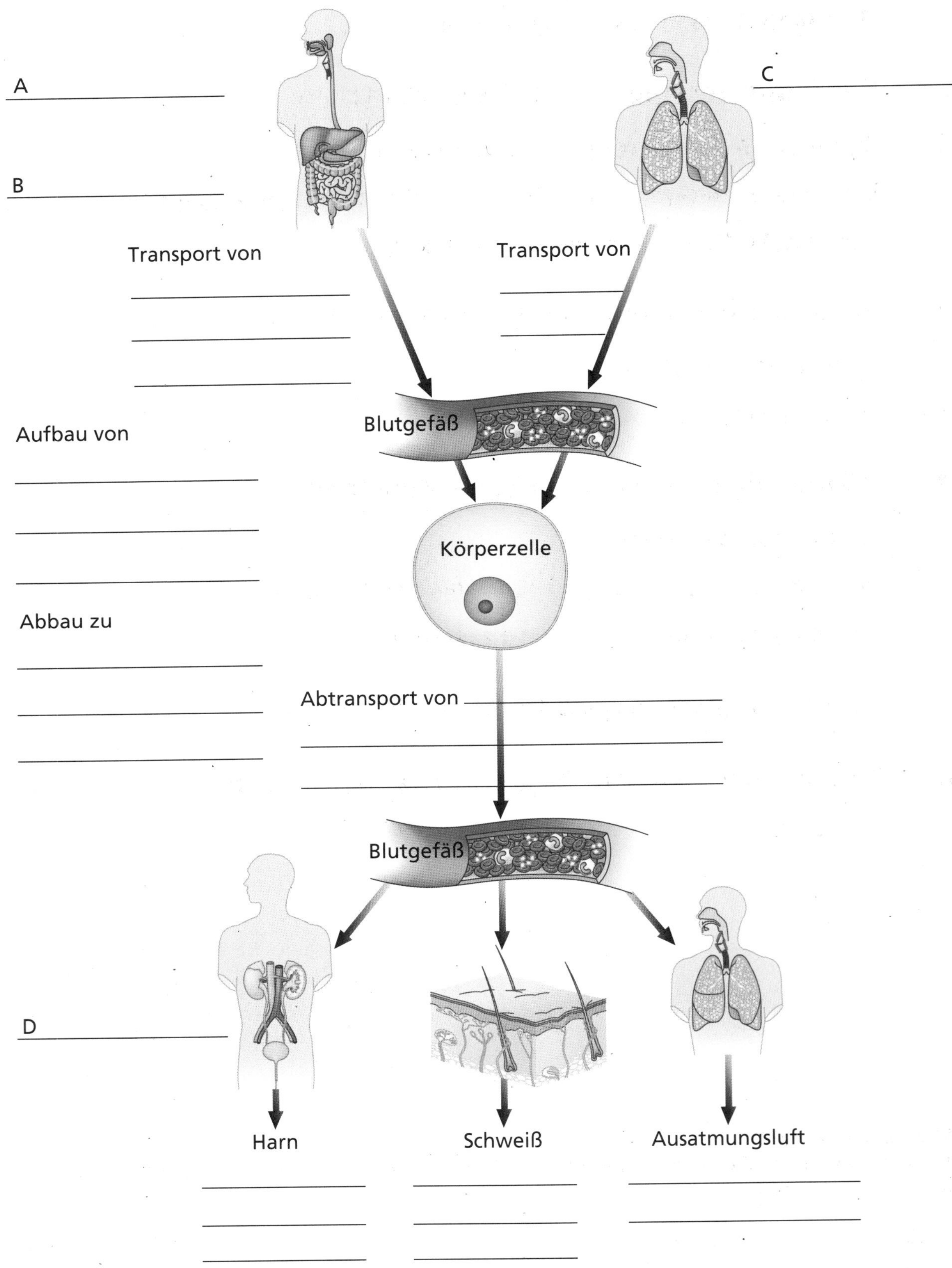

 ISBN 3-89818-429-3